73

ドローンが拓く未来の空

飛行のしくみを知り安全に利用する

鈴木真二 著

DOJIN SENSHO

の無人航空機もドローンと呼ばれ、ドローンという言葉には不気味な響きが伴っていた。アマゾンが見せた小型無人機もまたドローンである。しかしそれは、私たちの生活を変えるかもしれないという期待をもたらした。

学術的には、複数のプロペタをもった小型無人機はマルチコプターと呼ばれるが、それが普及した発端は、二〇〇〇年にフランスのパロット社が発売を始めた玩具だった。それまでの一部のマニアしか扱えないラジコン模型飛行機とは異次元の、タブレットで操縦できる、精密で、誰でも手にできる画期的な空飛ぶ玩具であった。ARドローンと命名されたその玩具によって、ドローンの新時代が開かれた。その後、中国のDJI社が空撮用のドローンを発売したことでユーザーは世界中で急激に増加、空から撮影した写真や動画のインターネットへの投稿がブームになっている。ここに至り、ドローン産業という新しい産業が出現したのだ。

今まで飛行機が飛べなかった低高度を飛行するドローンは、「空の産業革命」とまで呼ばれ、今後一〇年間で一〇兆円の経済波及効果が期待され、一〇万人以上の雇用を生み出すとの調査結果も発表された。ただし、空を飛ぶ物の宿命で落下の危険性が危惧され、また空から映像を撮ることでプライバシー侵害の懸念もあり、さらには航空機とのニアミスまで報告されている。こうしたドローンへの批判は、二〇一五年四月に首相官邸の屋上で黒く塗られた不気味なドローンが落下していることが見つかり頂点に達した。人類は、この魅力的で、役に立ちそうな、また新たな産業を生み出すポテンシャルを備えたドローンを、どのように使いこなしていけるのであろうか。そんな思いが、この本を書く動機になった。

二〇一四年四月に化学同人より上梓した『落ちない飛行機への挑戦』では、人が乗る航空機の安全への挑戦をテーマにした。今回は小型無人航空機ドローンの安全な利用への挑戦がテーマである。

ドローンが拓く未来の空　目次

第１章
ドローンはなぜ注目されるのか

玩具のドローンは別として、空撮用の本格的なドローンを実際に見た方は少ないと思うが、ドローンによる空撮映像はみなさんご覧になっているはずだ。それほどドローンは一般的になった。ドローンはどのように生まれ、どのように活用されているのか。「空の産業革命」を拓くと期待されているのはなぜか。そんな点から見ていきたい。

一　活用が始まったドローン

空撮で示されたドローンの能力

「ドローン」と呼ばれる小型無人航空機が日本で広く認識されるようになったのは、二〇一五年四月二二日に、首相官邸の屋上に不審なドローンが発見されたことに端を発する。ただしそれ以前から、複数のプロペラの回転数を制御してヘリコプターのように垂直に離着陸が可能で、空中停止（ホバー）も容易なドローンは、空撮用の小型無人航空機として利用は

図 1-1　国土地理院が撮影した阿蘇大橋周辺の土砂崩れ箇所　動画はYouTube[1]か国土地理院のホームページ[2]から閲覧できる。

広がってきていた。

二〇一六年三月には、民間無人航空機だけの国際展示会としては日本ではじめて、Japan Drone 2016が開催された。この展示会では、Drone Movie Contest 2016という、ドローンで撮影された動画コンテストも同時に開催された。低空から連続的に高度を上げたり、橋を潜ったり、木々の中を飛行して撮影された映像は、クレーンやヘリコプターを用いた従来の手法では得られないドローンならではのダイナミックなものであった。ゆっくり安定して飛行するドローンからの低高度空撮画像は神社や自然の神々しさを表現し、会場の巨大なスクリーンに映し出された映像に会場の観客は魅せられた。

空撮は、災害調査においても活用されている。二〇一六年四月の熊本地震において、国土地理院はド

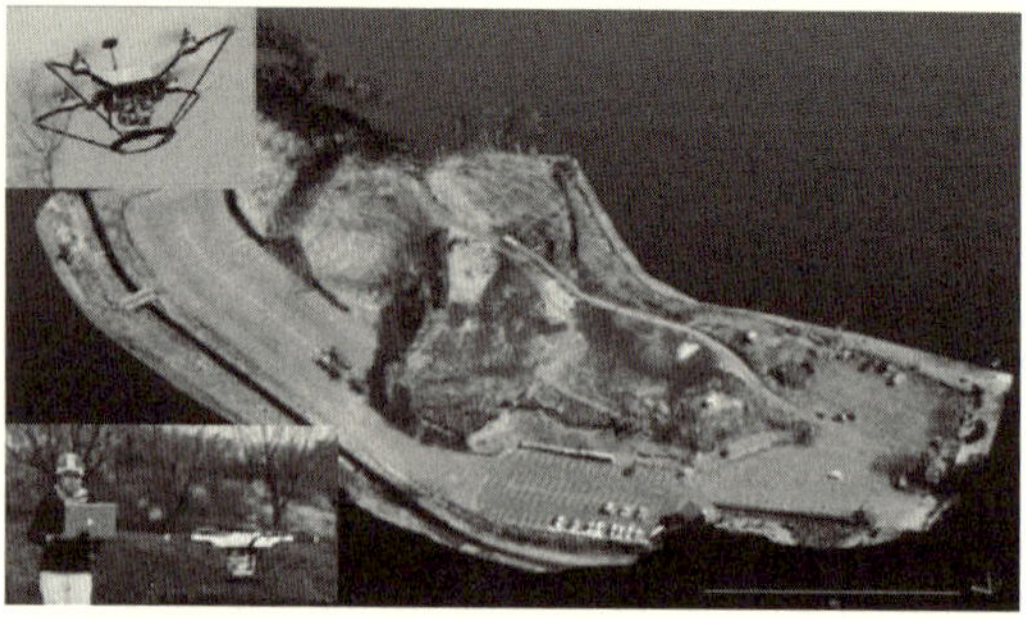

図 1-2　公共測量における UAV 写真による三次元点群データ
国土交通省の資料[3]より。

ローンによる被害状況調査結果を公表し（図1-1）、被害状況の緊急把握が可能なことを示した。公共事業における測量に関しても、国土交通省はドローンによる空撮写真から得た三次元点群データを「i-Construction（アイ・コンストラクション）」（後述）の一環として導入することを発表している（図1-2）。

空撮以外には、物を運ぶ用途も考えられている。二〇一三年一二月一日にインターネット通販大手のアマゾンは、倉庫から配送用のパッケージを自動的につかみ、発注者の玄関先にドローンで届けるビデオ映像[4]を公開し、一躍期待されるようになった。日本のテレビなどでも紹介されたので記憶にある方も多いと思う。

AEDを空輸できるか

私の研究室では、飛行機型のドローンを一〇年以上研究しており、マルチコプターも利用していた。二〇一四年の秋、自動体外式除細動器（AED）をドローンで運べないかという相談を受けた。ここでは、実際の空輸の方法を理解していただく意味で、AEDの緊急空輸実験の様子を紹介しておこう。

AEDは心筋梗塞などで心室細動と呼ばれる不整脈が起きた際に、自動的に心電図の解析を行い、確認後に電気ショックにより心室細動を停止させる（除細動）装置であり、そのあとに、心臓マッサージと人工呼吸によって、拍動の回復を促すものである。日本では、二〇〇七年から一般でも使用できるようになり、駅などの公共施設にも備えられているのを目にすることができる。

心室細動が起きた場合は、AEDをいち早く作動させることが求められ、心肺蘇生方法を開始する時間が一〇分遅れるとほぼ助からないといわれている。オランダやカナダでは、ドローンを用いてAEDを緊急空輸する実験が実施されており、これを紹介するテレビニュースを見た慶應義塾大学の医学生が、日本でも可能性を確認したいということで相談にきたのであった。彼は、AEDの普及活動を行う、「減らせ突然死プロジェクト」で活動をしており、東京大学駒場キャンパスでの学生による自主的な活動「瀧本ゼミ」でもAEDの普及に関する検討をしているとのことであった。

表 1-1　実証実験に使用したマイクロコプター社のドローンの仕様

名称	ARF-MikroKopter OktoXL
自動飛行範囲	半径 1000 m
飛行時間	10〜20 分程度（積載量による）
積載可能重量	約 2.5 kg
通信方式	2.4 GHz
標準カメラ仕様	約 1610 万画素
地上分解能	10〜50 mm 程度（高度／レンズによる）
バッテリー仕様	6600 mAh（1 個〜 2 個）

調べてみると、AEDは意外と重く、携帯用バッグから外した本体だけでも二・五キログラムほどあった。研究室で保有していたもっとも大型のドローンはドイツのマイクロコプター社の八枚プロペラの機体であったことから、これを利用することにした。

マイクロコプター社は二〇〇六年に設立され、北西ドイツのニーダーザクセン州に本社を構える。機体はキットで販売され、飛行制御ソフトも公開されており、空撮業務以外に、大学などの研究機関で世界的に使用されている。ブラシレスモーター八個、機体重量は一・八キログラム、機体サイズは九八センチメートル、リチウムイオンポリマー二次電池のバッテリーにより、二・五キログラムの物体を一〇〜二〇分飛行させることができるとされている（表1－1）。二・五キログラムのAED本体を搭載して飛行可能かどうかは際どいところであったが、学内の野球場で試験飛行させたところ問題がないことが確認できた。

なお、二〇一五年一二月からの航空法の改正以降は、東大の本郷キャンパスは人口集中地域であるので飛行許可を得ることが必要であるが（第4章参照）、試験飛行は二〇一四年一二月に実施したので、その時点では許可なく実験することも可能であった。

次の課題は、実際の飛行試験をどこで行うかであった。議論の結果、ゴルフ場がよいのではということになった。AEDのニーズという意味では、救急車の到着に時間がかかる郊外で、AEDの設置場所が離れている広いフィールドがよい。さらに、高齢の方が運動を行うゴルフコースは最適であった。また、ドローンの飛行に関しては、落下時の安全性を考えると、一般の人が進路に存在せず、また一般道路や鉄道もないことが重要であり、飛行経路を選定する意味では、高いビルや送電線が存在しないことが望まれた。さらに、自動飛行をさせるためには、GPSからの信号をキャッチできる開けた場所であることも必要である。ゴルフ場には木々があるが、一〇メートル程度の高さにそろっているため、こうした条件をすべて満たしていた。

相談にきた学生の紹介で、千葉県のゴルフ場をお借りすることもでき、二〇一五年一月一一日に飛行試験を行った。AEDの普及のためということもあり、公開飛行試験として、報道関係者にも案内を出し、「減らせ突然死プロジェクト」の代表のお医者さんにも見ていただくことになった。

実証実験

公開試験は、一三時から行うことにし、早朝レンタカーにより大学の研究室を出発した。幸い天候にも恵まれ、午前中に予備的な飛行試験を行うことができた。ドローンは手動の遠隔操作で飛行させることも可能ではあるが、将来の利用も見据え、決められたコース、決められた速度での全自動飛行に挑戦した。

ドローンはGPS受信機を備えており、地図上のどこを飛行しているかを自身で認識できる。高度情報は、GPSでは誤差が大きいので気圧計を利用する。機体の向き（方位）を認識することも必要で電子コンパスを備えている。速度情報も水平速度はGPSから、垂直速度は気圧計から取得することができる。飛行経路は通過地点をウェイポイントとして指定する。マルチコプターのようなドローンは機体を傾けて前後左右に移動させ、高度はローター回転数を上げ下げして制御する（第2章参照）。現在の位置情報と目標とするウェイポイントの差から、必要な機体の姿勢とローター回転数を搭載の計算機が割り出し、機体を自動的に移動させ、時々刻々と制御することで決められたウェイポイントと高度に到達するのだ。

ゴルフ場のクラブハウスの前を離陸地点として、コース上で倒れた人の近くを着陸地点に設定し、高度一五メートルまで離陸させ、水平飛行で着陸地点上空まで自動で飛行、さらに目的地に自動で着陸させる。実際には、自動操縦の設定を行うノートパソコンを操作すればすべて自動で飛行できるが、万が一を考え、いつでも手動操縦への切り替えができるように準備しておく。

予定の一三時になり、新聞、テレビ局の記者たちも集まり、飛行を披露する準備も整った。瀧本ゼミの学生がゴルフ中に心筋梗塞で倒れたと想定し、ドローンにＡＥＤを届ける要請があったとのシナリオである。記者たちの見守る中、研究室のRaabe Christopher助教がドローンに電源を入れ、ノートパソコンから指令を発し、機体を離陸させた。指定された高度一五メートルまで垂直に上昇し、その後、着陸地点まで一定の高度で巡航飛行を開始。途中の木々を超え、グリーン上に出たドローンは順調に飛行を続ける。今回は、最初の飛行でもあり、飛行速度は低く設定しており、一五〇メートルを二分ほどで着陸地点上空まで到着し、その後、ただちに降下飛行に移り、グリーン上に自動で着陸させることができた（図１－３）。

飛行後、ＡＥＤ普及活動代表の先生からは、「ゴルフ場における高齢者の心筋梗塞の実数は把握されていないが、確実に起きているので、ドローンによる迅速なＡＥＤ搬送が実用化

図 1-3　ドローンを使った AED 搬送実験　上：AED を積んだドローンが着陸する様子。下：最初の実証実験でのドローンの飛行経路。

されることを期待したい」とのお話があった。ゴルフ場管理人の方は、より現実的に、ドローンをAED搬送だけでなく、コースの木々やグリーン、クラブハウスの屋根の管理などに活用できればゴルフ場に設置する意義があるが、低コストであることが条件であるなどの発言があった。

こうして、日本で最初となるドローンによるAED搬送実験を無事終了することができ、新聞やテレビのニュースなどでもその様子が報道され、その後もドローンの可能性を示す事例として、たびたび紹介さるようになった。現在、AED搬送にドローンを活用するビジネスを展開するベンチャーも立ち上がっており、今後の活用を期待したい。

二　ドローンの歴史

マリリン・モンローが組み立てたドローン

「ドローン（drone）」は英語でオス蜂を意味する。このドローンが、無人航空機を指すようになったのは第二次世界大戦中に米国陸軍で使用された標的機が「ターゲット・ドローン」と呼ばれたことに起因している。

図 1-4　ラジオプレーン社の標的機 OQ-2
Wikipedia より。

標的機は、銃やミサイルの射撃訓練の際の標的として、いまでも利用される。もっとも、実際に撃ち落とす場合は稀で、古くは標的機に取り付けた吹き流しを狙っていた。間違って機体に当たっても、無人機なので被害は軽くすむ。標的機は無線による遠隔操作で操縦され、回収にはパラシュートが利用された。

最初に本格的に利用された標的機は、一九四〇年代に米国陸軍が採用したラジオプレーン社のOQ－2であった（図1－4）。この機体は、英国生まれのハリウッド俳優レジナルド・デニーのラジコン模型飛行機をもとにしていた。デニーはラジコン飛行機が趣味であり、ハリウッドにラジコン模型店を開くほどであった。陸軍からの要請で、一九三六年から標的機としての開発が本格化し、ラジオプレーン社を設立、一九四一年から正式に標的機OQ－2を製品化した。当時の動画を見ると、カタパルトにより標的機は発射され、地上のオペレーターは操作箱のスティックを操作して機体を操縦している。標的訓練が終了すると、パラシュートを展開して回収できるようになっていた。ターゲット・ドローンは第二次世界大戦中に一万機近くが製造された。図1-5は、当時の陸軍広報誌で紹介されたドローン組み立て工場の様子である。水平対向エンジンにプロペラを取り付けている女性は、のちにマリリン・モンローとして有名になるノーマ・ジーンである。この写真がきっかけで彼女はモデルとしてデビューし、その後、ハリウッド女優になるのであった。

標的機がターゲット・ドローンと呼ばれた理由は、最初に開発された英国で、その機体が女王蜂（Queen Bee）と命名されたことによるとの説がある。女王に敬意を払い、米国では「オス蜂」と呼んだというのである。英国の標的機は、有人の練習機（デハビランド社のタイガー・モス）をラジコン操縦できるように改造したもので、一九三五年に開発された。米国の高官がこれを見学し、自国での開発を指示したことが米国でターゲット・ドローン

図1-5　1945年の陸軍広報誌『Yank』に掲載された、ドローンを組み立てるマリリン・モンロー　Wikipediaより。

の開発が始まったきっかけであった[5]。

以上が、米国で大量に製造されたターゲット・ドローンの誕生物語である。

衛星技術で開花したドローン

第二次世界大戦後、標的機以外でのドローンの開発が試みられるが、本格的な利用は一九九〇年代に開発された偵察機からである。一九九五年のボスニア・ヘルツェゴビナ紛争で使用されたゼネラル・アトミックス社の偵察機プレデターは、ドローンの歴史を変える機体であった。

ドローンにカメラを搭載して偵察機として利用することは、一九八〇年代からラジコンの模型飛行機レベルの機体として登場していた。ただ、地上のオペレーターによる遠隔操作が前提のため、飛行範囲も目視範囲内に限られたものであった。目視外まで飛行させるためには自動飛行能力をもたねばならない。この時期、すでに有人の航空機は慣性航法装置による自動飛行が可能であったが、小型のドローンにそうした装置を搭載することは不可能であった。慣性航法装置は機体に搭載した加速度計、ジャイロによって移動距離を算出することで自機の位置を求めていたのだ。しかし一九九〇年代に全地球測位システム（GPS）が普及し、状況が一変した。低軌道上の複数の衛星からの電波を受信することで、受信機の位置を求めることができるようになった。

目視範囲を超えてさらに航続距離が延びると電波も届かなくなる。このような場合でも、機体の状況を把握するとともに、搭載カメラの映像をリアルタイムで受け取るために衛星通信が利用された。デジタルの画像圧縮技術で、遠く離れた飛行地点での取得画像もリアルタイムで確認できた。衛星放送の技術である。これが、ドローンの偵察能力を飛躍的に向上させた。

空飛ぶスマートフォン

今日のドローンのブームは、標的機や偵察機などの飛行機型ではなく複数のプロペラをもつ「マルチコプター」によってもたらされた。マルチコプター自体は、一九九〇年代から研究者の間では利用されていたが、フランスのパロット社が売り出した玩具によって事情が一変した。四枚のプロペラをもつARドローンと命名されたマルチコプターが、数万円の玩具として発売されたのだ。フランスの国際会議に参加した研究室の学生が現地で購入してきてくれた。その機体が飛ぶのを見たときには驚愕した。当時出回りだしたタブレットでの操縦でそのマルチコプターは室内を飛行したのだから。

そのマルチコプターは、バッテリーで電動モーターを駆動し、プロペラを回転させた。軽量で大容量のリチウム・ポリマー・バッテリーが、二〇〇〇年ごろから携帯電話のバッテリーとして使われだしていた。このバッテリーが出現するまでは、ラジコンの模型飛行機を電動モーターで飛行させることは、バッテリーが重いため夢のようなことであった。騒音や振動が大きく、排ガスも出る内燃機関でなければ模型飛行機を飛ばすことはできなかった。またマルチコプターは、自らは飛行安定性をもたないため、自動制御による安定化機構がなければ操縦は不可能といえる。そのためには、加速度計やジャイロが必要になる。これも従来は難しかったが、携帯電話やスマートフォン用に開発された小型の半導体センサーが安価に使えるようになった。操縦や画像伝送にはＷｉ－Ｆｉやブルートゥースが使われているが、これも携帯電話やスマートフォンで利用可能な技術である。ＡＲドローンは、模型飛行機というよりも空飛ぶパソコン、空飛ぶスマートフォンともいえるものであった。

パソコンやスマートフォンの製造拠点が中国であったため、ドローンが中国でつくり出されることには必然性があった。高度な空撮が可能な中国製のドローンがその後、世界市場を制覇することになる。

民間業務用のドローンは日本発

軍事用ではなく、民間での業務目的にドローンがいち早く普及したのは日本であったと聞くと、多くの方は驚かれるのではないか。それは日本で誕生した農薬散布用のラジコンヘリである。農地の狭い日本では、有人ヘリコプターによる農薬散布は課題が多かった。危険であるうえ、高くから農薬を散布するため、農地以外への飛散を招いた。騒音も許しがたいものであった。そのため、一九八〇年代にラジコンヘリによる農薬散布が検討され、一九九〇年代には実用化された。ラジコンヘリの使用は年々増加し、現在では二五〇〇台ほどが全国で登録され、有人ヘリによる農薬散布は国内ではほぼ完全に姿を消した。農薬散布用のラジコンヘリはかなり大きなもので、二〇リットルの農薬を搭載し、離陸重量一〇〇キログラムほどのエンジン機である。小型のマルチコプターによる農薬散布ヘリも開発されているところである。

三　ドローンが拓く「空の産業革命」

ドローンを利用したサービスへの期待

二〇一三年一二月一日は、ドローンにとって記念すべき日となった。先述した米国のアマゾンがドローンのプロモーションビデオを発表したからである。これがきっかけとなり、ドローンによる「空の産業革命」という言葉が全世界に広まった。無人航空機の新たな価値が認識され、一部の愛好家の間で、空撮用に簡単に飛ばせるラジコン機として浸透しつつあったマルチコプターが、ドローンとして一挙に広まった。通常の航空機は安全高度以下を飛ぶことは離着陸以外には禁止されており、安全高度である三〇〇メートル以下の空間は人類が利用できなかった。この空間を使ってドローンが物を運ぶというのだ。「空の産業革命」といわれるゆえんである。

米国の無人機団体AUVSIは二〇一三年に、ドローンの経済波及効果は二〇一五年から二五年までの累計で、八二〇億ドル（約一〇兆円）に及ぶと試算した。[6] このことも産業革命にふさわしいと認識された。ただしこの試算には注意が必要だ。日本での農薬散布用ラジコンヘリの普及状況を単純に米国の農地に換算したものなのだ。日本の狭い農地で活用されているラジコンヘリが、広大な米国の農場で果たして機能するのかという疑問がわく。ただし、一〇兆円の見積もりの根拠が疑わしいとはいえ、新たな産業をドローンがもたらすことに疑いないとはいえよう。

ドローンの販売台数も飛躍的に増えた。二〇〇六年に中国で生まれた小型無人航空機の世界最大の企業DJI社は、ラジコンヘリ用の制御システム、カメラジンバルシステムなどの開発から始まり、コンシューマー向けの小型マルチコプター、ファントムシリーズにより売り上げを急増させた。正式な数字は公表されていないが、『フォーブス』誌によると、売り上げは二〇〇九年に五〇万ドル、ファントムを発表した二〇一三年には一億三〇〇〇万ドル、二〇一四年には五億ドルと、毎年三倍から五倍売り上げを伸ばしている。[7] ただし、ドローンによる経済効果は、機体の売り上げをはるかに凌《しの》ぐサービス産業によってもたらされると予想されている。

図1-6は、日経BPクリーンテック研究所が国内における業務用の無人航空機の市場規模を見積もったもので、ドローンの高機能化とともに市場は指数関数的に拡大し、二〇三〇年には年間一〇〇〇億円になると予想している。[8] しかもそのほとんどは、ドローン本体より

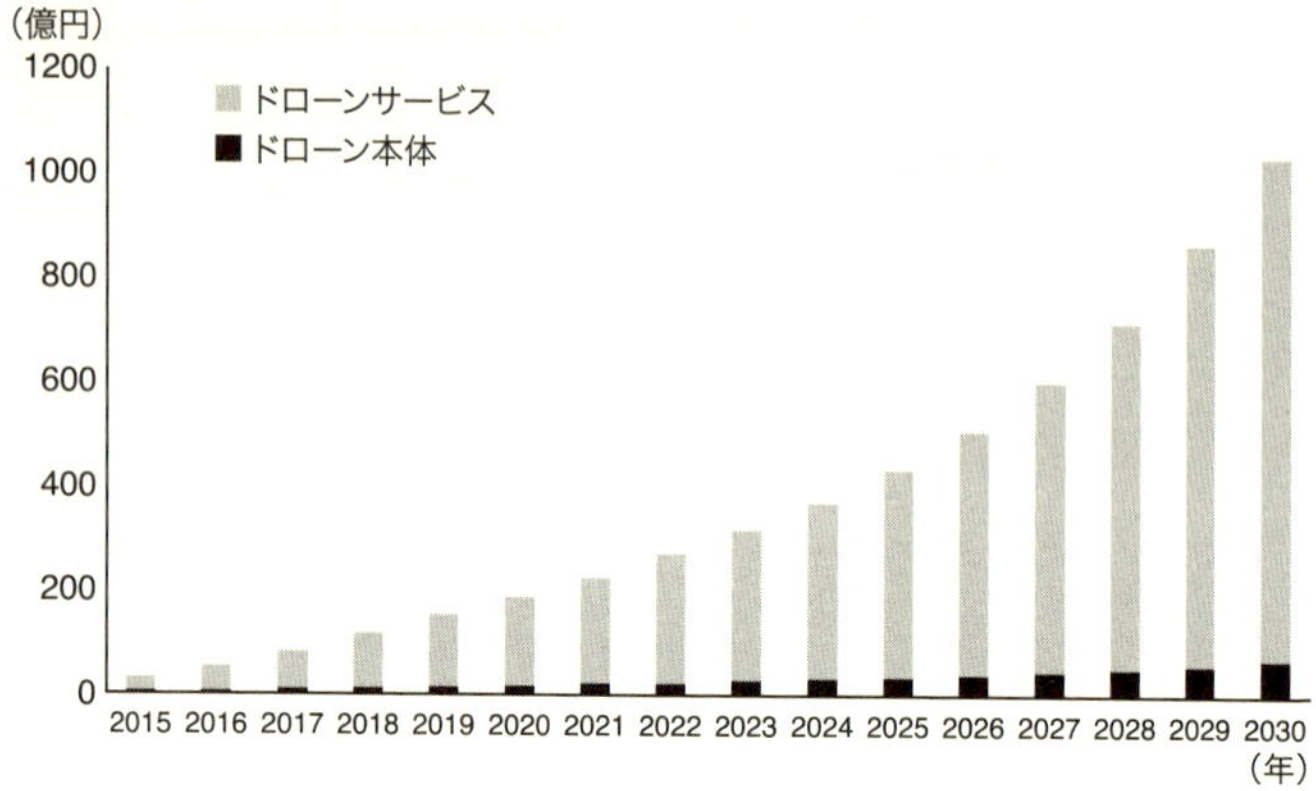

図 1-6　ドローン市場の推移　日経 BP クリーンテック研究所の資料[8]より作成。

もドローンサービスが占めていることがわかる。

ドローンサービスにはどのようなものがあるのだろうか？　機能別に分類すると表1－2のようになる。空撮はすでに利用されており、報道、番組制作などのほかに、捜索、測量なども空撮に含めることができる。輸送は、アマゾンの宅配サービスに象徴されるように、物流での利用であり、薬などの医療品、建設資材の輸送なども考えられる。投下はすでに実施されているサービスとして農薬散布があり、将来は、消火活動も考えられる。通信は、空中の基地局のイメージである。グーグルやフェイスブックは、ソーラー発電により成層圏を数年間無着陸で滞空可能な大型無人航空機の計画をもっている。アフリカなどでインターネットを普及させるためには、地上のインフラ設備を新たに設置するよりも効率がよいと見積もっているという。サンプリングは、空中の粒子を捕獲し分析するもので、日本の宇宙航空研究開発機構（JAXA）は福島で空中の放射線量の計測を試験的に実施している。

ドローンサービス充実に向けたロードマップ

このようにドローンの利用範囲は広範囲に渡り、ここで記載できていないものも多く存在するであろう。ただし、現状すぐできるものから、技術の発達、制度の整備などを必要とするものまで、利用できるタイミングは異なっており、それを図1－7に整理しておこう。

表1-2　ドローンサービスの例

空撮	報道、番組、宣伝 測量（3Dモデル作成）、点検 警備、捜索
輸送	物流 緊急輸送（医療機器） ケーブル敷設
投下	農薬散布、播種（種まき） 消火
中継	通信の中継 遠隔操作の中継
サンプリング	放射線量計測 空中計測

フェーズ1は、日中目視内で開けた人口非集中地域で空撮や測量、農業に利用するもので、飛行安全が十分に確保されるので「安全基本飛行」とした。この範囲ではすでにドローンは活用されている。フェーズ2は、目視内で人口非集中地域であるが夜間も含み、建造物近くの点検や警備での利用が想定される。飛行の安全性は比較的保証されるので「安全

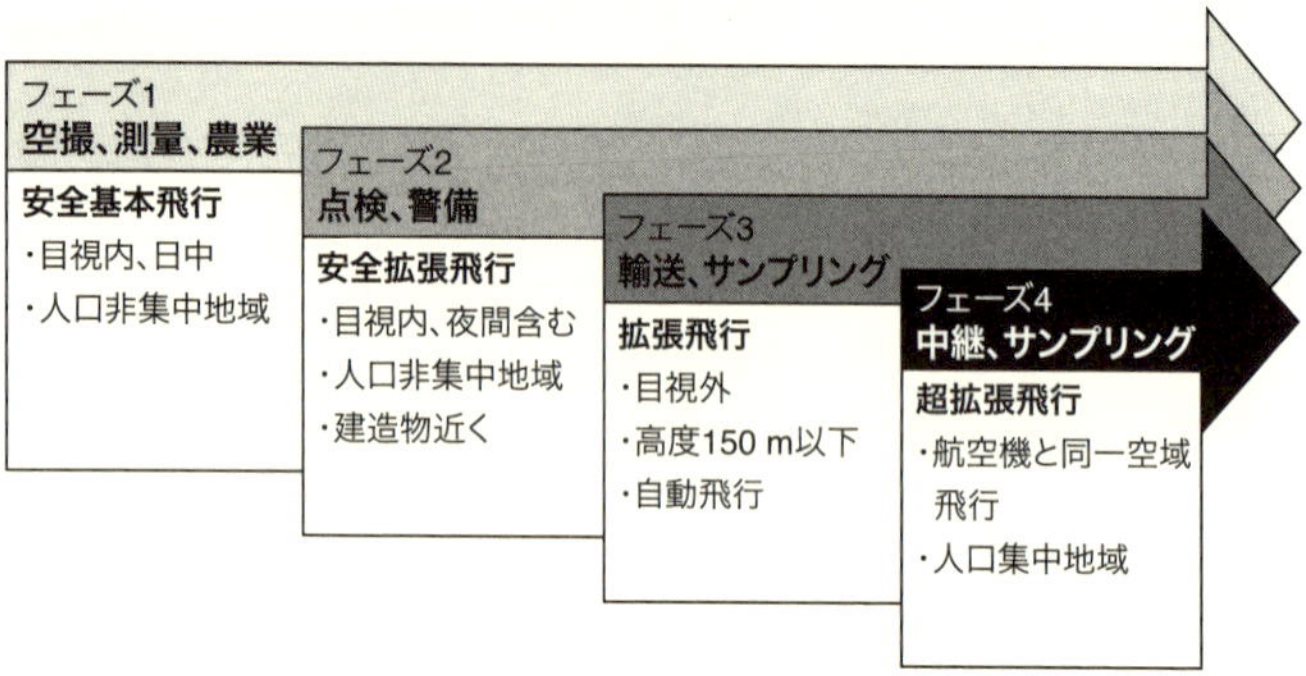

図 1-7　ドローンサービスを充実させるための四つのフェーズ

拡張飛行」とした。フェーズ3は高度一五〇メートル以下で、目視外の遠距離を自動で飛行するもので、輸送やサンプリングを想定し、「拡張飛行」とした。フェーズ4は「超拡張飛行」としたが、航空機と同じ空域を飛行し、人口集中地域の上空も飛行機と同様に飛行することを想定した使用方法である。具体的な技術課題、制度的課題に関してはのちの章で触れることにしたい。

　経済波及効果に関しても簡単に触れておきたい。

　輸送事業はインターネット通販の普及で小口配送が急増し人手不足が課題となっている。アマゾンの提案のようにドローンの活用が期待されている分野である。輸送事業の市場規模は年間二〇兆円といわれており、一部でもドローンが利用されれば大きな市場となる。また本章の冒頭でAEDの搬送実験を紹介したが、薬の輸送や検体の輸送など医療分野での活用も大きな市場である。在

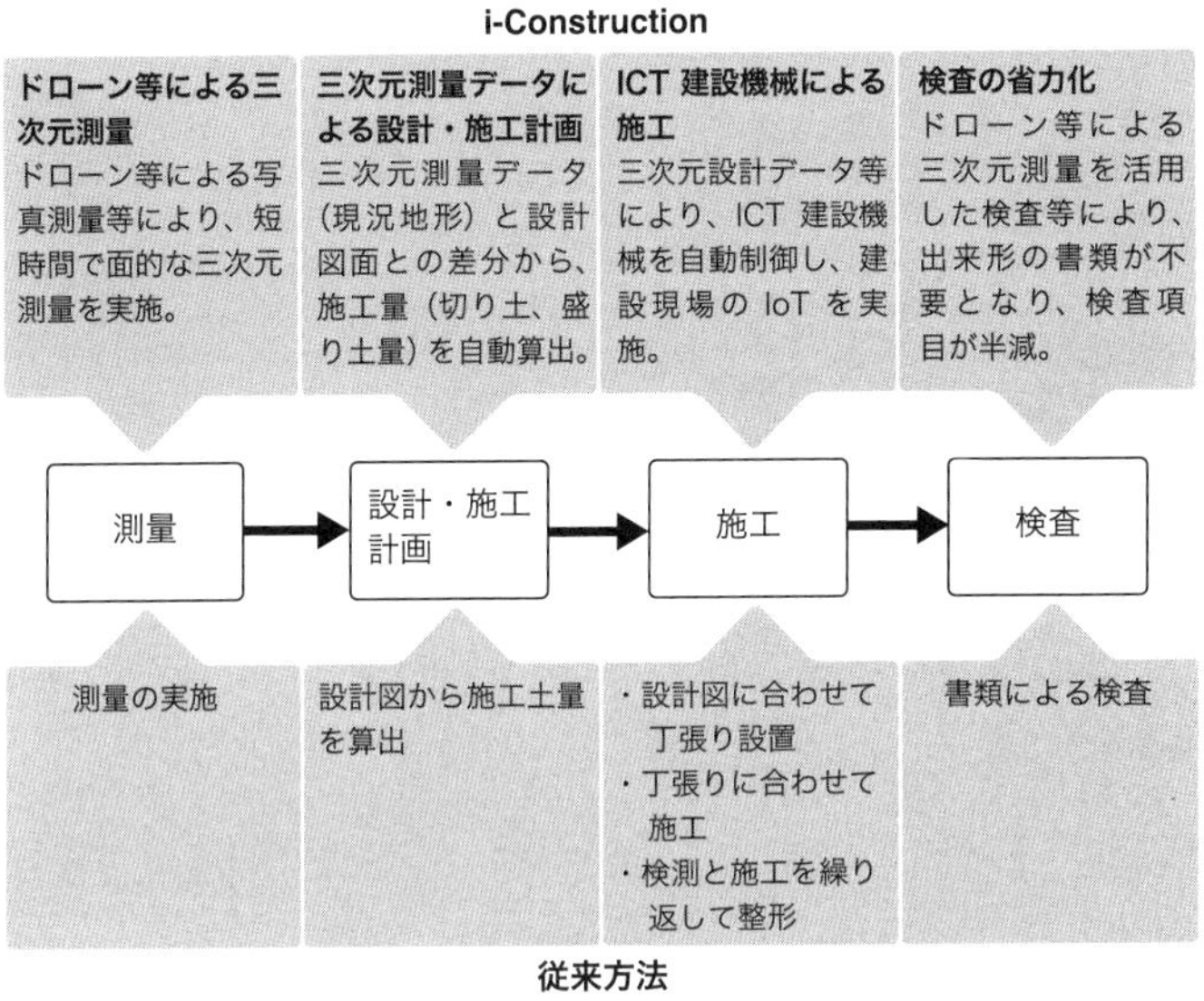

図 1-8　ICT 技術の活用例　国土交通省の資料[9]を参考に作成。

宅医療・介護サービスの市場は二〇二〇年には、二六〇億円になるという報告もある。

ドローンが得意とする空撮分野では、取得したデータの3D地図への活用が考えられる。デジタル地図市場は二〇一三年において一〇兆円市場といわれた。建設・土木事業においては、全国の橋梁やトンネルを五年ごとに点検検査することが二〇一四年七月に国土交通省によって義務づけられた。これは、二〇一二年一二月二日に山梨県大月市笹子町の中央自動車道笹子トンネルにおいて天井のコンクリート板が約一三〇メートルの区間にわたって落下し、走行中の車複数台が巻き込まれ、九名の死亡者が発生した事故を受け新たに設けられた。全国にトンネルは約一万本、二メートル以上の橋は約七〇万存在する。この点検作業は、予算や人材面において自治体には大きな負担となる。ドローンを含むロボットでの点検作業に関する研究が国内で活発になり、ドローン活用への期待は大きい。

国土交通省では、「ICTの全面的な活用（ICT土工）」などの施策を建設現場に導入することによって、建設生産システム全体の生産性の向上をめざす、i-Constructionの推進を進めている。ドローンによる三次元測量による設計・施工計画の迅速化、ICT建設機械へのデータ利用、施工物の検査などを計画している（図1-8）。

農業に関しても農薬散布だけではなく、生育状況の把握などいわゆる精密農業への展開にマルチコプターが投入されることで大きな市場が期待できる。こうした点検や、測量、農場での利用は輸送分野への利用に比べると飛行環境が限定的で、落下によるリスクのコントロールが比較的容易なため、早期の普及が見込まれる。いずれにせよ、ドローンの特性を利用した利活用、その実績を踏まえた利用範囲の拡充が求められる。

第 2 章
ドローンはどのように飛んでいるのか
——飛行を支える原理と技術

ドローンも飛行の原理は航空機と同じで、飛行船、飛行機、回転翼機と分類される。ここではその基礎原理を整理し、操縦方法をまとめる。ドローンの最大の特徴は自動飛行が簡単に実現できることにあり、そのための無線技術、航法技術、自動制御技術を技術の歴史も踏まえ説明したい。

一　飛行の原理

ドローンの種類

ドローンは小型無人航空機と分類され、基本的には小型航空機に無線操縦機能を付加したものといえる。航空法による航空機の定義は、「人が乗って航空の用に供することができる飛行機、回転翼航空機、滑空機及び飛行船その他政令で定める航空の用に供することができる機器」となり、人が乗れない無人航空機は厳密には航空機と見なされていなかった。しかし二〇一五年九月の航空法の改正により、無人航空機という新たなジャンルが定義され、それまで模型飛行機と同じ扱いであったドローンが、航空機と同じように航空法による規制の対象になった（第4章参照）。このことは、ドローンを自由に飛ばすことができなくなったことを意味し、規則をよく理解して使用しなければならないことになる。規制が強化されたとの苦情が出た一方で、安心して使えるようになったと歓迎する声もあった。

航空機にはさまざまなタイプがある。航空法上は、飛行船のように浮力を利用する空気よりも軽い「軽飛行機」と、翼やローターの揚力によって浮上する空気よりも重い「重飛行機」に分類され、「重飛行機」は、ローターを使用する「回転翼機」と、翼を使用する「固定翼機」にさらに分類される。そして、固定翼機はエンジンを使用する「飛行機」と、エンジンをもたない「滑空機」に分けることができる。航空機は目的に応じてこれらの機体を使い分けている。

無人航空機もほぼこの分類が可能であるが、回転翼機はさらに細分化できる。有人機では、回転翼機はいわゆるヘリコプターである。無人機の場合も、無人ヘリコプターはいわゆるラジコンヘリとしてホビー用途から、農薬散布まで広く利用されている。ただ、最近のドローンのブームは、複数のプロペラを用いたマルチコプターと呼ばれる機体の普及によってつくられている。ローターとプロペラは同じような回転翼であるが、ヘリコプターのローターは複数のヒンジをもつ複雑な機構をしている一方、プロペラはヒンジのない簡単な構造をもつのが普通である。マルチコプターもプロペラの数によって、四枚のものはクアッドコプター、六枚のものはヘキサコプター、八枚のものはオクトコプターと呼ばれたりする。

浮力の発生

固定翼機も回転翼機も、浮上するしくみは同じである。翼が発生する「揚力」によって機体を持ち上げるのである。ここで揚力の理解には、空気の性質の理解が必要となる。普段の生活で空気の重さを実感することは稀であるが、空気には重さがある。だが、空気の重さを量るのは簡単ではない。子ども向けの飛行機教室で空気の重さを量る実験を行うのだが、最初は、大きなごみ袋に空気を詰めて重さを量り、次に空気を追い出した状態で重さを量る。すると、両者の重さが同じであることに驚く。とすると、空気には重さはないのであろうか？　空気の重さを感じたことがあるかと子どもに問うと、「自転車で坂を下ると風圧を感じる」などと答える子がいる。もちろん正解だ。空気に重さがなければ風圧を感じることもない。「話がスベったときに空気が重いと感じる」と答えたのは関西の高校生だ。これは意味が違うが、さすがに関西の子は笑わせ上手だ。

空気を詰めた袋と追い出した袋の重さが同じであるのなら、空気の重さはゼログラムといってよいのだろうか。この問題を考える前に、浮力について説明しておこう。水中で浮力が働くように、空中でも浮力が働く。物体が押しのけた流体（水も空気も流体である）の重さだけ、物体は浮力を受けて軽くなる。これはアルキメデスの原理と呼ばれる。大きく膨らんだ袋は、中に詰めた空気の重さのぶんだけ浮力が働くので軽いのだ。

なぜ、浮力が働くのだろうか？　それを考えるためには、空気の重さを知っておかなければならない。空気の重さを知るには浮力が同じように作用する方法で重さを比較すればよい。簡単な実験に用いるのは、容器内の空気を抜いて食品を保管する容器である。空気を抜く前後で容器の重さを比較すると、今度は容器の浮力は同じなので、純粋に空気の重さがわかる。ただし、容器内を厳密に真空にすることは難しいので、単位体積当たりの空気の重さ、つまり空気の密度を測定するには不十分だ。

そこでもう少し手の込んだ方法を考えてみよう。空気を抜くのではなく、空気を詰め込んで、そこから空気を抜き重さの違いを求める方法である。まず酸素缶と呼ばれる、スプレー式の缶を用意する。中の酸素を完全に放出したあと、自転車の空気入れで缶の中に空気を詰め込む。このとき缶の重さを求めておく。次に、水中で缶の空気を逃がすのだが、空気の体積を求めるために、ペットボトルなどへ空気を逃がす。たとえば、一リットルだけ空気を放出し、その前後で缶の重さの差を求めれば空気の密度が簡単にわかる。一リットルの空気の重さが約一グラムであるとわかれば、一メートル立方の容器内の空気は一キログラムであると計算できる。

一キログラムは水一リットル入りのペットボトルの重さであるから、確かに空気は重いと理解できる。次に、この空気が空高く積み上がっていると考えると、私たちは空気の重さに耐えて生活していることが納得できる。これが大気圧の正体である。空気はおよそ高度八〇キロメートルまで存在するとされている。一立方メートル当たりの空気の重さが一キログラムとすると、地表では一平方メートル当たり八〇トンの大気圧がかかることになる。しかし、実際には大気圧は一〇トン程度である。この差の原因は、大気上空では空気密度が下がるためである。それでも、一〇トンは大きな値である。しかも大気圧は上下左右前後すべての面に加わる。しかし、大気圧は高度が増すに従い低下する。小さな箱とはいえ、上面と下面では高度がわずかに異なるので下の面に上向きに作用する大気圧は、上面に作用する下向きの大気圧よりもわずかに大きい。この差により箱には上向きの力が発生し、しかもその値は箱の体積に相当する空気の重さになる。これが浮力の正体である。

翼を持ち上げる力、揚力

航空教室では大気圧の実験も行う。空き缶に少しの水を入れてガスコンロで沸騰させる。これを急いで水槽に沈めると大きな音を立てて缶がつぶれる。缶に充満した水蒸気が急激に冷やされ水滴に戻るため、缶の中が真空に近づき、大気圧でつぶれるのだ。では、人体が大気圧でつぶれないのはなぜか。体内の空間には空気が入っていて、また筋肉や脂肪があるため、つぶされることはない。

空気の流れがあると大気圧は低下する。これは「ベルヌーイの定理」と呼ばれ、流れが速いほど大気圧の低下は大きくなる。航空教室では次のような実験でそのことを説明する。

「ここに一枚の紙があります。表と裏には均等に大気圧が作用するので、紙の端を手にもてば、自分の重さで紙は下に垂れます。では口元に紙を近づけて、紙の上面に勢いよく息を吹きかけてみましょう。すると紙は水平に近くなりますね。これは紙を上に持ち上げる何らかの力が作用しているからです。それは、紙の上面と下面で空気の圧力、つまり大気圧に差が生じたためなのです。吹きかける息が弱ければその差は小さく、紙は垂れ下がることから、流れが速いと大気圧の低下が大きくなることも説明できます」
翼の断面には微妙な湾曲があり、これが流れの中に置かれると、上面の流れは下面よりも速くなる。そのため、ベルヌーイの定理により上面の大気圧は下面よりも低下し、結果として翼を持ち上げる力となる。これが揚力である。ところで、翼上面で流れが加速される説明が以下のようになされる場合がある。

翼断面は上に反った形をしている。前方からの流れは翼の前方で、上面と下面に分かれるが、上面は大きな反りがあり、後縁までの距離が下面より長くなる。上下の流れが後縁で合流するために、翼上面は流れが速くなければならない。

わかりやすい説明だが、これは間違っている。煙を使って空気の流れを可視化すると、後縁で上下の流れが同時に合流しないことが確認できる。上面の流れは下面よりもはるかに速く到達するのだ。
翼上面で流れが加速されることを説明する理論が「翼理論」である。回転する球が流れに置かれると揚力が発生する（マグヌス効果）現象は、翼理論を理解するヒントとなる。野球のピッチャーの投げる変化球のように、ボールが回転すると流れを加速させる側と、流れを減速させる側が生まれる。この速度差で圧力差が生じ、ボールは進行方向と垂直に向きを変え、カーブやシュートに変化する。翼の断面は回転するわけではないが、ボールの回転と同じように流れ場を変化させると考え、翼を回転する渦と仮定するのが「渦理論」である。この渦理論を裏づけるのは、翼の端から放出される強い渦（翼端渦《よくたんうず》）である。翼断面にあると仮定した渦は、翼端では行き場を失うので、翼端から放出されると考えると渦の連続性が保たれるといえる。ただし、翼端から漏れる渦は揚力の発生に悪影響を与えるので、翼端はないほうがよい。横に細長い翼（アスペクト比の大きな翼）が効率よく揚力を発生するのはそのためだ。グライダーなどは、その性質を利用して細長い翼を採用する。

空気抵抗の存在

流れに置かれた物体には空気抵抗が発生する。飛行する際には、空気抵抗を小さくすることが求められる。揚力や抵抗の大きさは、翼の大きさや、流速、空気密度によって異なってしまう。そのため、それらに依存しない特性値として揚力係数、抵抗係数を図２－１の数式のように導入する。この、揚力係数や抵抗係数は流れに対する翼の角度（迎え角）の関数と

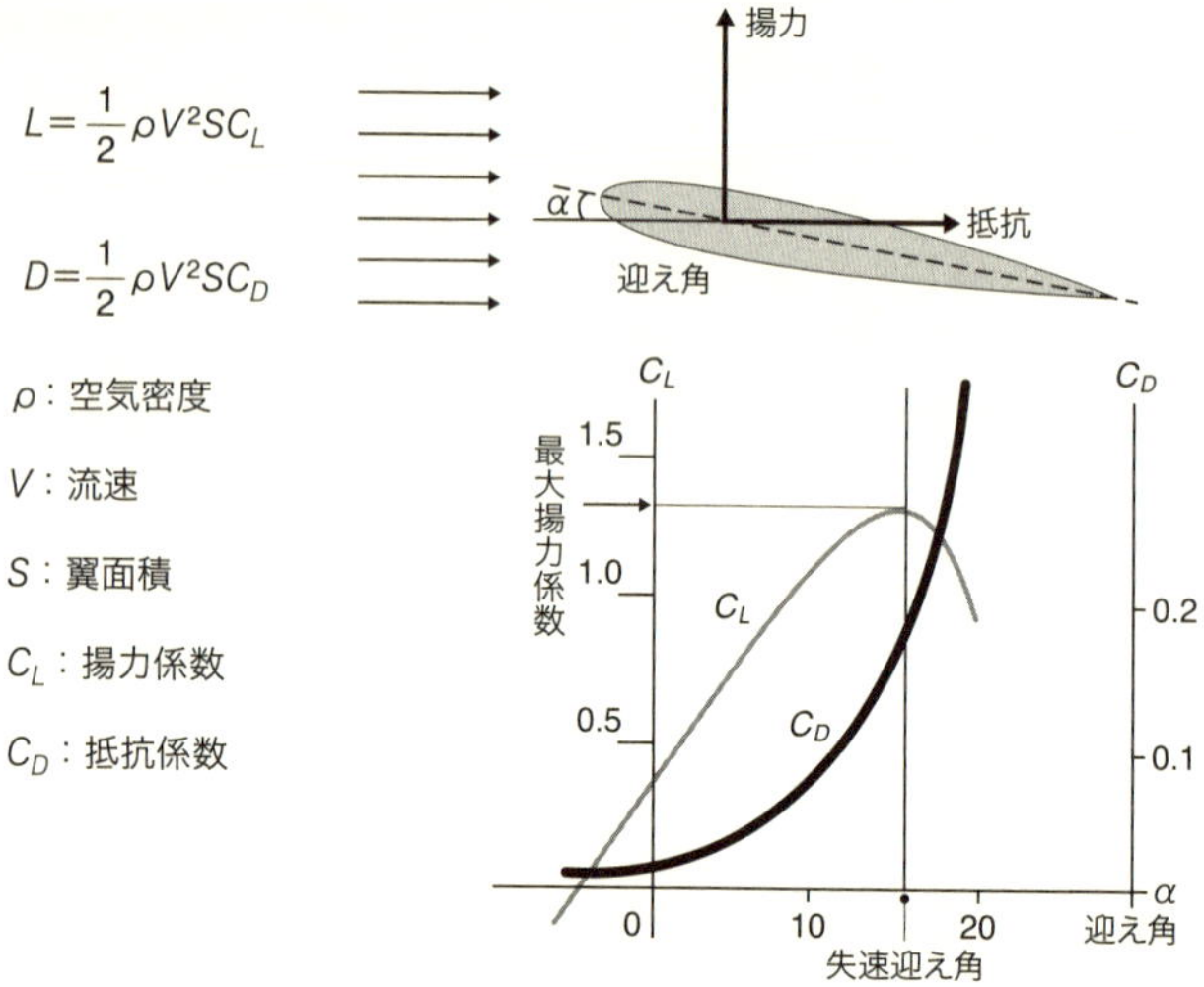

図 2-1　揚力曲線と抵抗曲線

なり、図2-1のようなグラフで表現される。揚力係数は迎え角に比例して増加し、最大値で流れが翼からはがれる失速が起き、抵抗係数は迎え角の自乗で増加することがわかる。これはアスペクト比が無限大ともいえる二次元の翼データであり、三次元の翼になると、揚力係数は劣化する。迎え角に関する揚力係数の傾きは二次元翼がほぼ 2π（$=a_0$）であるのに対して、

$$C_{L\alpha}=\frac{a_0}{1+\frac{a_0}{\pi A_R}}$$

となり、アスペクト比（A_R）が小さくなると低下する。つまり、同じ迎え角でも揚力

係数の値が小さくなる。

力の釣り合い、モーメントの釣り合い

ドローンは三次元空間を自由に運動できるが、安定した等速度運動、または空中で停止するホバリングを行うためには、力の釣り合いと、モーメントの釣り合いが求められる。飛行機の場合、揚力は重力と釣り合うので、飛行速度は重量を翼面積で割った（翼面荷重）によって決まることになる。また、同じ機体であれば、揚力を大きくすれば（または迎え角を大きくとれば）低速で飛べることになる。そして、空気抵抗は推力と釣り合うので、結果的に同じ重量であれば揚力係数を抵抗係数で割った揚抗比が大きなほど小さな推力で済むことになる（図2－2）。

さらに水平飛行を安定させるには単に力の釣り合いだけではなく、姿勢が安定するようにモーメントの釣り合いも求められる。揚力は翼に分布して作用するが、一点に集中すると考えられる点を揚力作用点と呼ぶ。この点は、普通は重心よりも後方に位置するので、重心を中心としたモーメントの釣り合いを考えると尾翼は下向きに揚力を発生することになる（図2－3）。

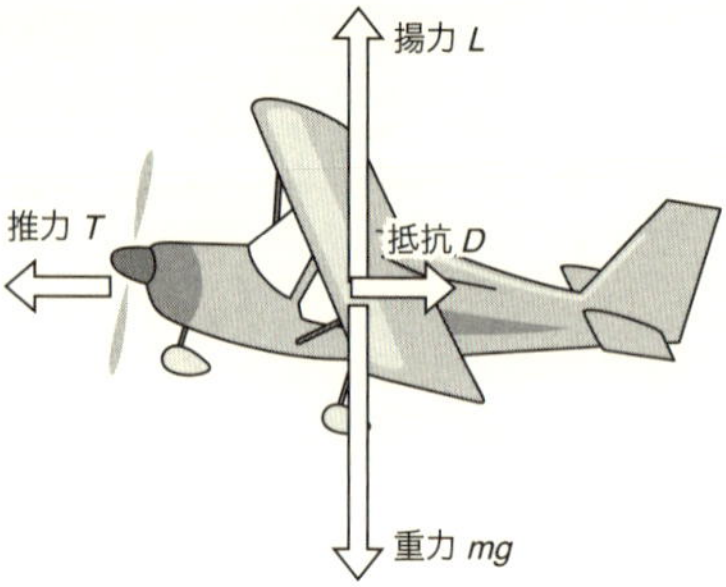

$$L=(1/2)\rho V^2 S C_L(\alpha)=mg$$

$$\rightarrow V^2=\frac{2}{\rho C_L}\frac{mg}{S}$$

$$D=(1/2)\rho V^2 S C_D(\alpha)=T$$

$$\rightarrow T=mg\frac{C_D}{C_L}$$

図 2-2　飛行機の推力が発生するしくみ

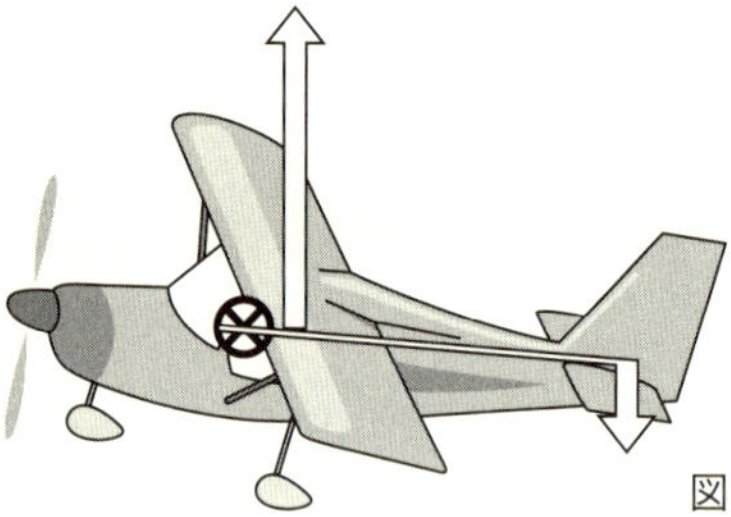

図 2-3　モーメントの釣り合い

　モーメントのバランスがとれた状態で迎え角が増すと、主翼の揚力は増え、尾翼の揚力は減るので結果として迎え角を減らす向きに機体の姿勢が変わる。迎え角が減るとこの逆になり、迎え角を増やす方向に機体の姿勢が変わる。このように、飛行機は何も操縦しなくても釣り合いのとれた状態に自然に戻る特性があり、安定性が自然に備わっているともいえる。

　ヘリコプターやマルチコプターのような回転翼機は、回転するローターやプロペラの発生する推力で機体を支えている。一般に、飛

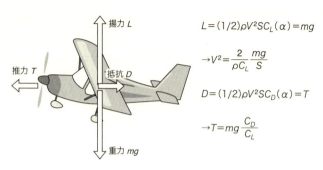

420馬力　　310馬力

図2-4　ほぼ同じサイズのヘリコプターと軽飛行機の馬力の違い

行機は空気抵抗と同程度の推力で済むが、回転翼機は自重を推力で支えるので、飛行機よりも強力なエンジンを必要とする。図2－4は、ほぼ同じサイズのヘリコプターと軽飛行機であり、ヘリコプターがより強力なエンジンを備えていることがわかる。

　また、回転翼機は、飛行機のような自然の安定性は備えていない。そのため、第2章四節で説明する自動制御により人工的に安定化させる機能を備えている。回転翼機に関してはほかにも、回転するローターやプロペラの反トルクを打ち消す機構が必要となる。ローターが回転すると胴体が反対方向に回りだしてしまうため(角運動量の保存則という)、胴体の回転を止めなくてはならない。ヘリコプターでは通常、テールにローターを設け、その推力によって反トルクを打ち消す。ほかにも、ローターを二つもち(同軸の場合や、前後、左右に二つもつ)互いに反対方向に回転させる場合もある。マルチコプターでは、半分のプロペラを反対方向に回転させることでバランスをとっている。

二　操縦方法

飛行機の場合

固定翼無人機の操縦は、基本的には有人機と同じメカニズムで、ラジコンによる遠隔操作または自動操縦で行う。

飛行機の操縦は基本的に、垂直面内の飛行（縦の飛行）と、水平面内の飛行（横の飛行）に分類できる。縦の飛行に関しては、重力と揚力、推力と抵抗の力のバランスを崩して、上昇降下、加速減速を行う。これを実施する制御手段は、水平尾翼の後ろにある昇降舵（エレベータ）と、エンジン推力である（図2－5）。昇降舵を上げると、モーメントのバランスが崩れ、主翼迎え角が増す。これで揚力係数が増加するので機体は上昇するが、同時に抵抗係数も増して減速するので、推力も調整しなければならない。高度を大きく上昇させるには、エンジン推力を上げ、速度を増して、運動エネルギーを増加させる必要がある。ちょうど自動車で坂道を上がるのにアクセルペダルを踏み込むのと似ている。このように、エレベータ

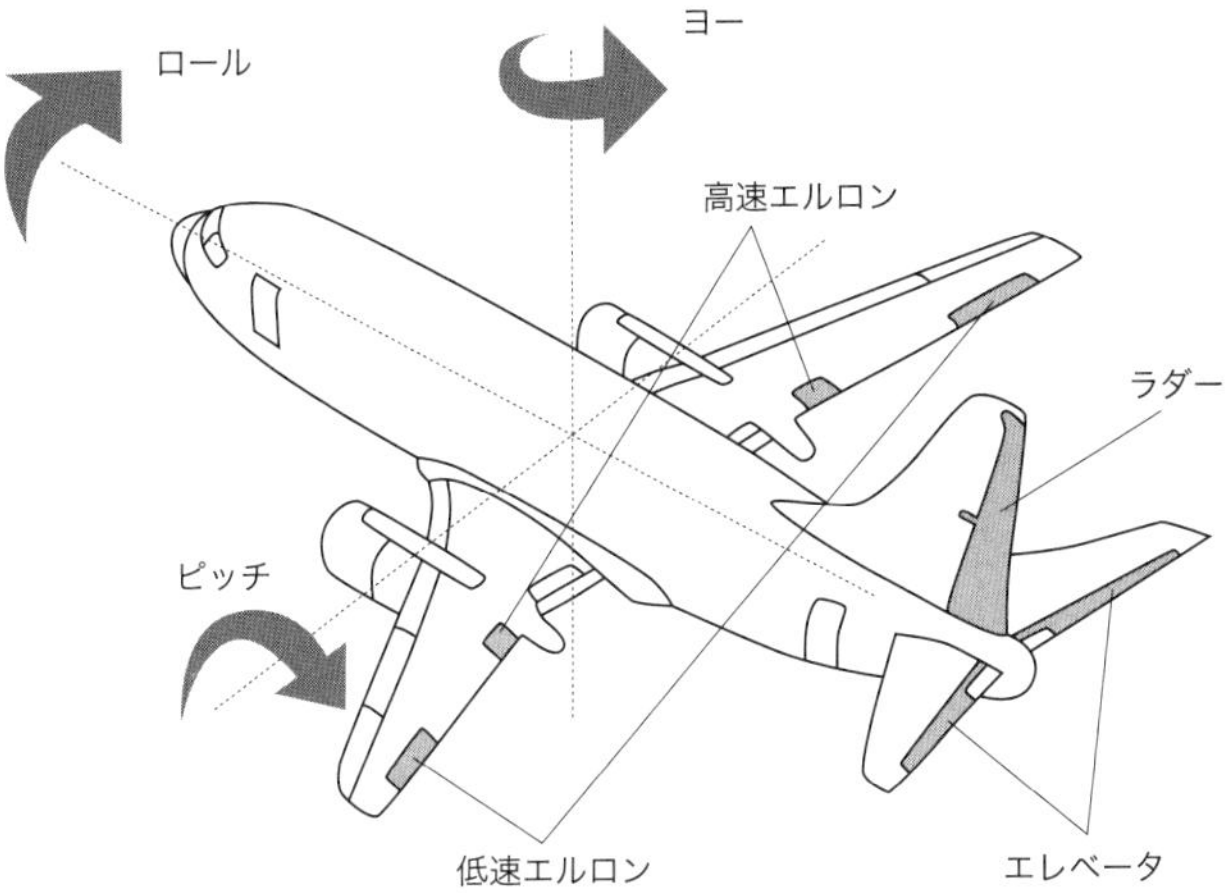

図 2-5　飛行機を制御する要素

操作とエンジン操作は独立ではなく、連携をとった操作が求められる。

横の飛行に関しては、基本的には旋回して進行方向を変えることになる。横の操縦のためには垂直尾翼の後方の方向舵（ラダー）と、主翼の先端部後ろにある補助翼（エルロン）を使用する（図2－5）。方向舵を操作すれば機首の向きが変わるがこれで旋回するわけではない。旋回する際には、回転中心から外側に遠心力が作用する。この遠心力に対抗できる内向きの力（向心力）がなければ同じ回転半径で旋回することはできない。飛行機の場合、向心力は機体の揚力を内向きに傾けることでつくり出す。そのために、エルロンを操作して機体をバンクさせるのである（図2－6）。

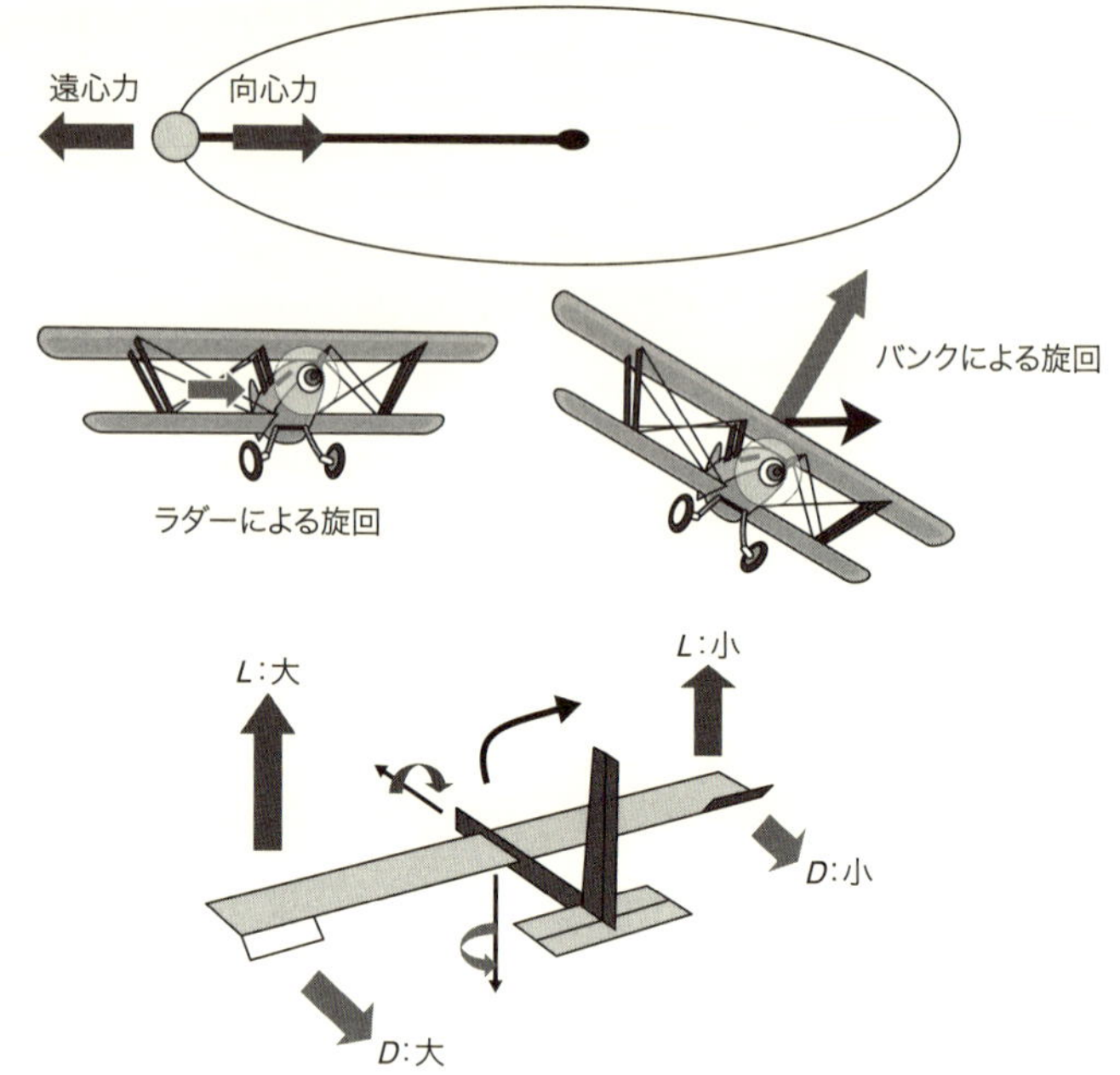

図 2-6　旋回する方法　旋回するためには、遠心力に対抗する向心力が必要となる。飛行機は機体を傾け、揚力を内側に傾けることで向心力を得る。

エルロンを操作するとなぜバンクするかといえば、主翼の左右で揚力に差が生じるためである。ただし、この際に抵抗も左右で変化する。具体的には、左右の翼の抵抗の差は、機体を旋回させようとする方向とは逆の方向に機首を向かせることになり、そのままでは機体は大きく外回りをしてしまう。そのために、方向舵を作用させると、円を描くような旋回ができる。こうした方向舵とラダーの調

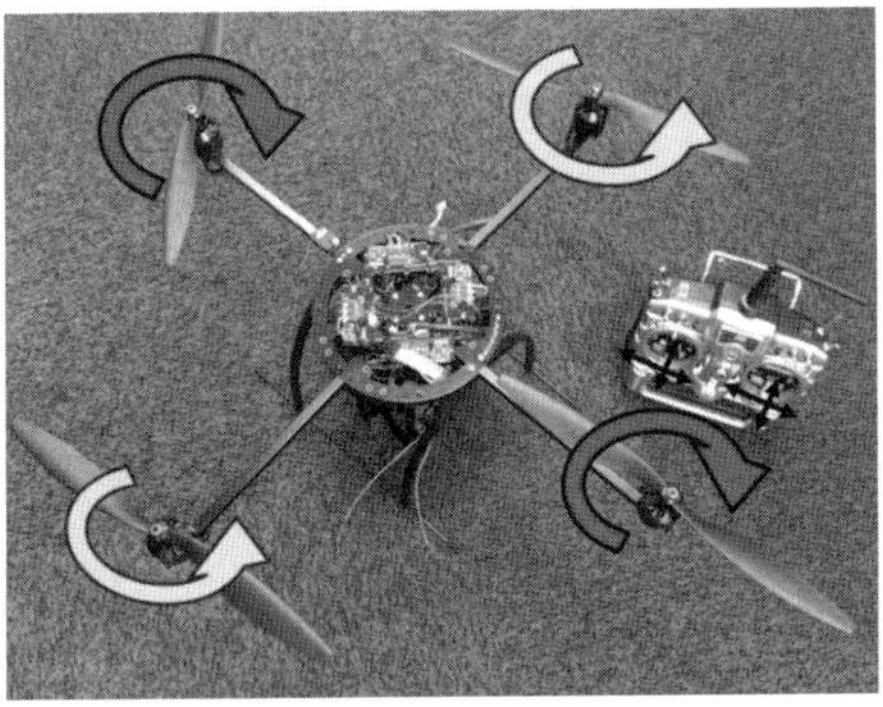

図 2-7　マルチコプターのプロペラの回転

和した操作が求められる。さらには、機体を傾けると揚力の垂直成分も小さくなり、そのままでは機体は降下する。これを防ぐために昇降舵を上げたり、エンジン推力を増したりすることが必要となる。

マルチコプターの場合

回転翼機の例としてマルチコプターを考えてみよう。マルチコプターは基本的には四つのプロペラの回転数を上げたり下げたりすることで機体の操縦を行う。

四つのプロペラは先に述べたように、二つのペアが反対に回転し、機体がプロペラの反トルクで回転しないようにしている（図２－７）。四つのプロペラの推力を同じにして、その合計の力が機体重量とバランスすれば空中に停止することができる（ホバリング）。そこからプロペラの回転数を変化させれば機体を操縦

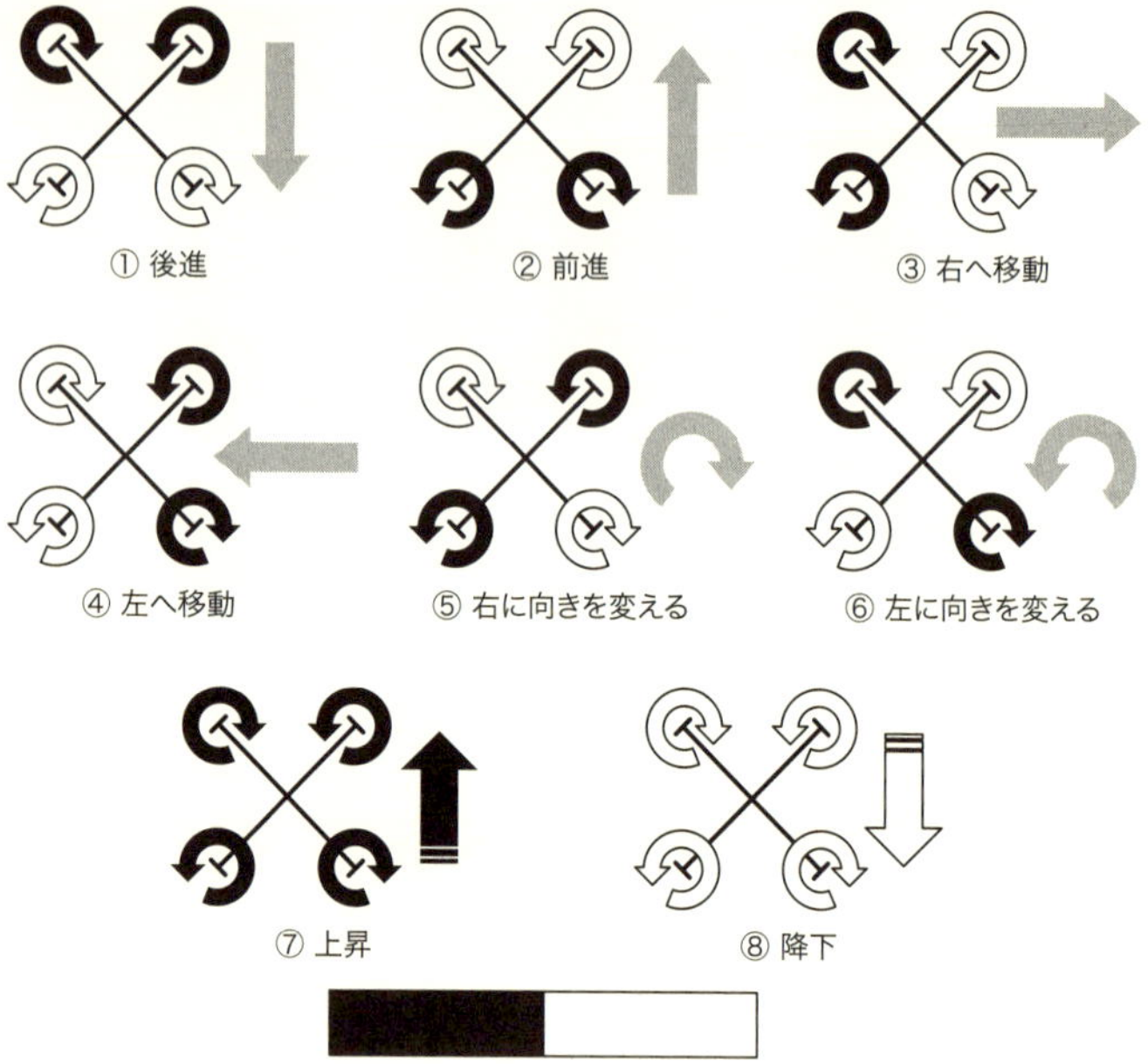

図 2-8　マルチコプターの操縦のしくみ

することが可能となる。

そのしくみは巧妙だが単純である（図2－8）。

① 機体前方の二つのプロペラの回転を上げ、後ろ二つのプロペラの回転を下げると、トルクのバランスは維持し、トータルの推力は変わらないので、機体は前方が上がり、後ろが下がるので後進する。

② 前進は①の逆の操作。

③ 機体左の二つのプロペラの回転を上げ、右二つのプロペラの回転を下げると、

トルクのバランスは維持し、トータルの推力は変わらないので、機体は左が上がり、右が下がるので右へ移動する。

④　左への移動は③の逆の操作。

⑤　左回転の二つのプロペラの回転を上げ、右回転の二つのプロペラの回転を下げると、トータルの推力は変わらないが、右回転の反トルクが増すので機体は右に向きを変える。

⑥　左に向きを変えるのは⑤の逆の操作。

⑦　四つのプロペラの回転を一様に上げると、トルクのバランスは維持され、推力は増すので上昇する。

⑧　降下の場合は⑦の逆の操作。

こうした回転数の変更をプロペラごとに行うのは煩雑であるが、のちに説明する「プロポ」と呼ばれるコントローラーで前進後退、左右の移動、左右に向きを変える、上昇降下を独立して指示することができる。この四つの操作のために、プロペラは最低四つが必要となる。

ＦＰＶという飛ばし方

ドローンの基本的な飛ばし方は、ラジコン機のように地上からプロポを用いて遠隔操作する方法である。機体後方からの遠隔操作は感覚的に自分が飛行機に乗っているように操作できるが、進行方向が自分に向かってくる場合には、操作が急に難しくなる。マルチコプターは後退もできるので、基本的にそうした操縦を避けることができるが、飛行機ではそうはいかない。ヘリコプターでも進行方向は前方が基本である。そのために操縦訓練が必要となる。

ＦＰＶという操縦方法はそうした問題を解決する一つの手段である。機体に搭載したカメラの画像を手元に映し、その画像を見て操縦すれば自分が機体に乗っているかのごとく操作ができるからである。ＦＰＶとは first person view（第一人称視点）を意味する。飛行速度が速く、遠方まで飛行する場合には安定した画像の取得が難しくなるので、実際にはマルチコプターの出現で普及した手法である。最近、国内でも開催されるようになったマルチコプターのドローンレースにおいてもＦＰＶが採用されている。

遠隔操作に慣れるためには練習しかないのであるが、フライトシミュレータを利用することで練習を積むこともできる。初心者には墜落による機体の破損の心配がないので、なおさらありがたい。コンピュータにＵＳＢコードがついた専用のプロポをつないで、いろいろな機体をいろいろな場面で練習することができる。研究室の学生も野外での飛行試験の際には、フライトシミュレータで練習している。

三　ドローンを飛行させる無線技術の発展

無線の歴史

電磁波は電場と磁場の振動からなり、その波長（または周波数）の違いによってさまざまなタイプがあり、波長がミリメートル以上の電磁波が電波と呼ばれる。電気は摩擦による静電気として古くから知られ、また磁石も古代より利用されてきたが、両者の関係が明らかになったのは近代になってからである。

電流のそばで磁針が振れることを発見したのはデンマークのハンス・クリスティアン・エルステッド（一七七七〜一八五一年）である。英国のマイケル・ファラデー（一七九一〜一八六七年）はその知らせを聞き、導線に電流を流したときに同心円上に磁場が生成されることを見抜き、一八三一年にモーターの原理を明らかにした。これらの原理を理論にまとめ上げたのは、同じく英国のジェームズ・クラーク・マクスウェル（一八三一〜一八七九年）である。この時点で、電場と磁場の関連が理論的に明らかになり、光も電磁波であることが予言された。電気を流せば磁場によってモーターが回り、モーターを回せば磁場の変化によって電流を取り出すことができる。電場が磁場を発生し、磁場が電場をつくるのである。

マクスウェルの理論をもとに、ドイツのハインリヒ・ヘルツ（一八五七〜一八九四年）は放物面反射鏡を用いて一八八八年に電波を二〇メートル伝送することに成功した。アンテナを流れる電波の向きを周期的に切りかえると、アンテナの周りの磁場が変化し、この磁場が電流を生じ、電場から今度は磁場がつくられるというように、次々と磁場と電場が生成され、電波が放射されるのである。ヘルツの名は周波数の単位（Hz）として親しまれている。ただし、ヘルツは電波が何に使われるかを学生から質問されて、「電波が何に使われるのか私にはわからない」と答えたという。ヘルツの実験を無線電信機として成功させたのがグリエルモ・マルコーニ（一八七四〜一九三七年）である。

イタリアのボローニャ生まれのマルコーニは一八九五年には指向性アンテナによって電波を数キロメートル伝送することに成功する。マルコーニは英国に渡り、無線電信による事業を起こし、一八九九年にはドーバー海峡を隔てた通信に、そして一九〇一年には大西洋をはさんだ通信に成功する。電波は飛行機よりも早い時期にドーバー海峡を、そして大西洋を越えたのである。地球は丸いので、光は遠くまでは届かない。電波が大西洋を越えて届いたのは大きな驚きであった。この成功はマルコーニが波長の長い電波を使ったという好運にもよっている。波長が一〇〇メートル以下の電波は大気上空の電離層を突き抜けてしまうが、波長の長い電波は電離層で反射し、遠方まで届くからである。

ロシアのアレクサンドル・ステファノビッチ・ポポフ（一八五九〜一九〇六年）は、マルコーニと同時期に無線通信を発明している。当時ポポフはロシア海軍兵学校の物理学教授だったのだが、ロシア海軍上層部の理解がなく実用化には遅れをとり、一九〇五年の日露戦争では、ロシア海軍は三六式無線機を使用した大日本帝国海軍に敗北してしまった。

マルコーニが英国に渡ったのは、当時世界一の海軍国であった英国が無線を求めたためであった。日本の海軍は英国をお手本にしていたから、通信省で研究の始まった無線技術をもとに本格的な開発に乗り出し、一九〇五年にロシア・バルチック艦隊が西対馬海峡にさしかかった際に、連合艦隊の哨戒艦信濃丸がロシア艦隊を発見し、搭載していた三六式無線電信機で「敵艦見ゆ」の電信を連合艦隊本部に送った。戦艦三笠がこの電信を受信し、戦局を有利に展開したのだ。日本海海戦では連合艦隊の無線電信技術はロシアの無線技術を上回り、連合艦隊を勝利に導いたといわれている（図2‐9）。

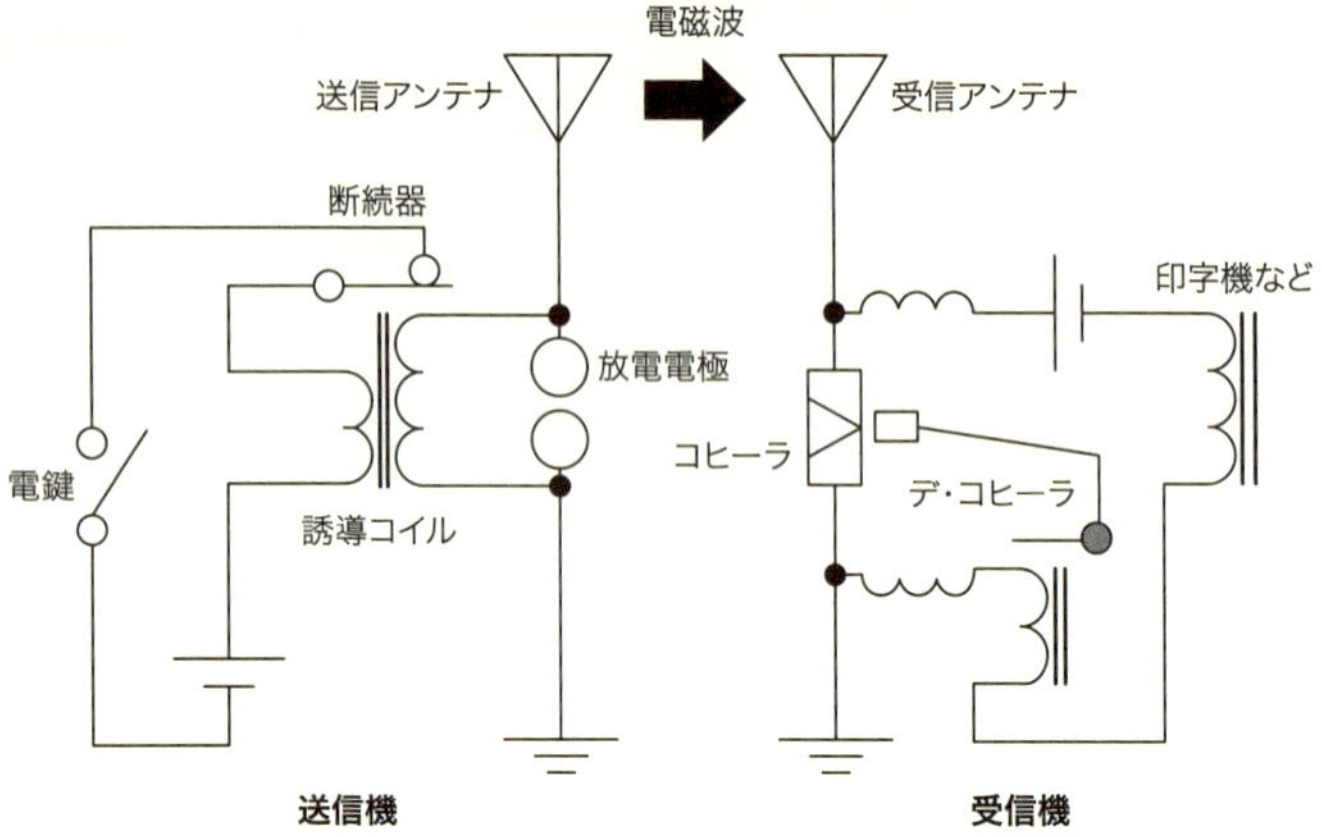

図 2-9　日本海海戦で利用された三六式無線機の構造　Wikipedia より。

無線操縦の公開実験は、早くも一八九八年にニコラ・テスラ（一八五六〜一九四三年）によってなされた。米西戦争の勃発したこの年、テスラは水槽に浮くボートを無線によって操作する公開実験を、ニューヨークのマジソン・スクウェア・ガーデンで実施した。交流発電機の発明で有名なセルビア生れのテスラは、一八八四年に米国に渡りエジソンの下で働くが、直流電流による電力事業を展開するエジソンと意見が合わず、以後は独力で電気技術の研究を行った。無線操作の公開実験は成功し、米国特許（図2-10）も取得したものの、時代を先取りしすぎた技術は人々の理解を得ることは難しかった。

その後無線操縦の研究は各国で行われるようになり、一九三〇年代には無人航空機も実用化され、

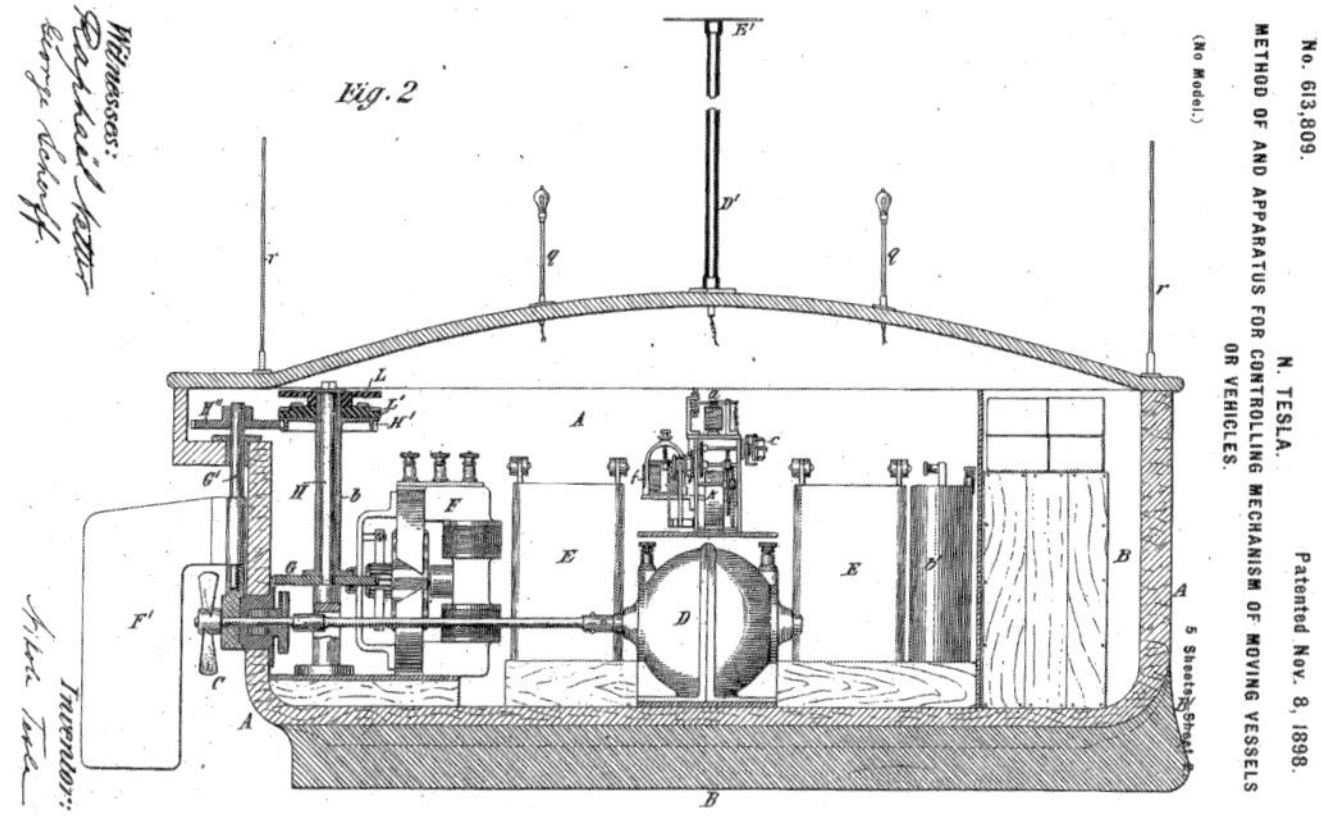

図 2-10　ニコラ・テスラの無線操縦船の米国特許（1898 年）

デハビランド社のタイガー・モスを改造した無線操縦の無人機DH82B Queen Beeが一九三五年から一九四七年まで三八〇機製造され、標的機として使用された。Queen Beeに刺激され、米海軍もカーチスN2C-2を無線操縦で飛行できるように改造し、一九三八年から標的機として使用した。その後、ハリウッド俳優レジナルド・デニーによる模型無線飛行機をベースに本格的な標的機が利用されたことは、第1章で述べたとおりである。

コントローラー

無線操縦の模型をよく「ラジコン」と呼ぶが、戦後日本の増田屋斎藤貿易（現在の増田屋コーポレーション）が一九五五年にラジコンバスを発売し、現在に至るまでその商標権を得ているという。

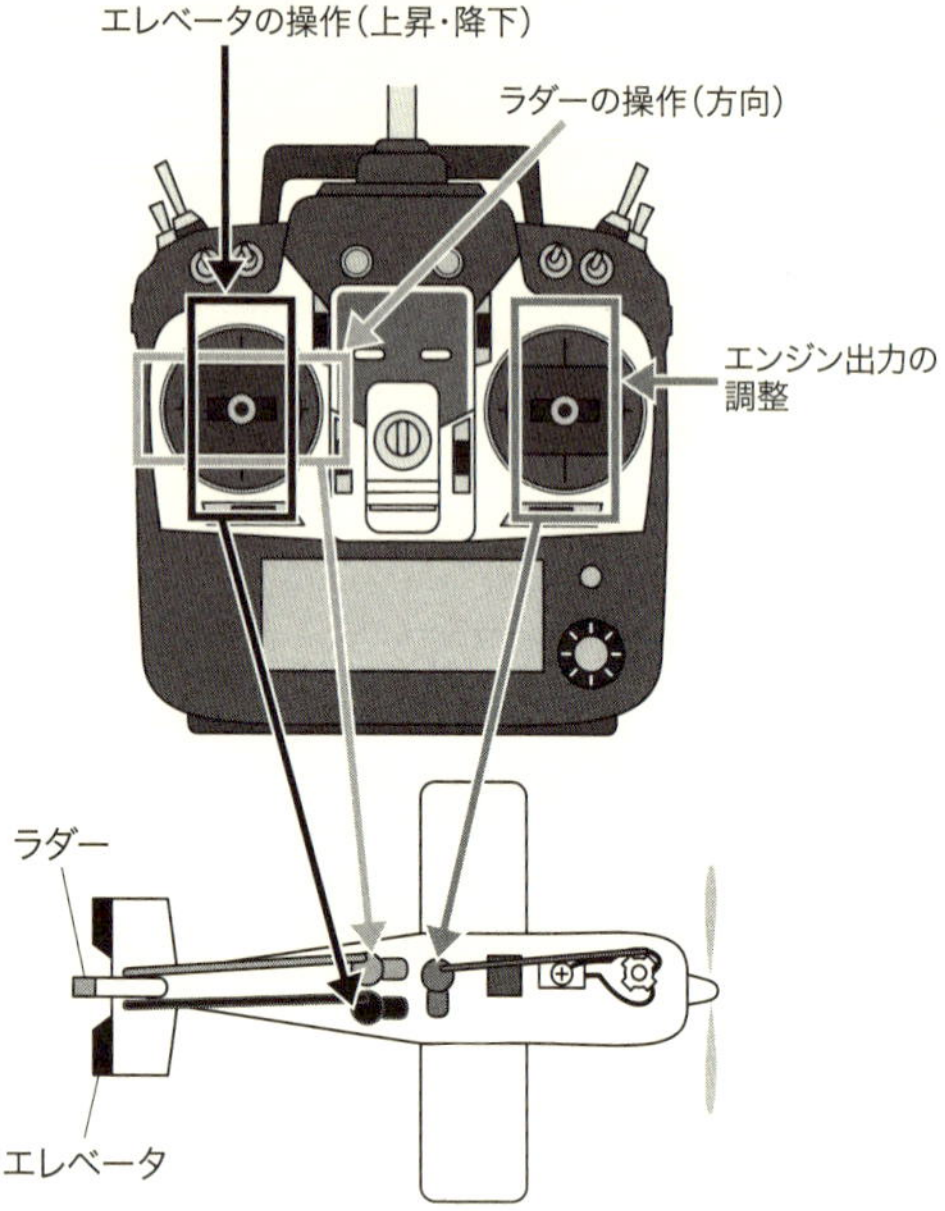

図 2-11　プロポの操作方式

これは、トランジスタや真空管ではなく、図2-9と同様に火花送信機とコヒーラ検波器を使用して、遠隔操作する単純なものであったが、海外に輸出された。

遠隔操作の模型飛行機はトランジスタの一般化に伴い本格化し、スイッチで操作したマルチチャンネル方式のコントローラーが、一九六五年にスティック操作によって連続的に操縦できるプロポーショナル方式（コントローラーが「プロポ」と呼ばれるゆえんである）に代わり、現在の方式が定着した。

図2-11が基本的なプロポの操作方式で、左のスティックを前後に動かすと機体のエレベーターが上下に動き、機首の上げ下げができる。スティックの左右の動きはラダーの動きを

指令し、機首の向きが左右に代わる。右のスティックは前後に動かすとエンジンの推力を調整し、左右に動かすとエルロン操作によって機体が左右に傾く。左右のスティックの脇には微調整用のトリム装置がつけられている。トリム装置は通常の飛行機にもあるもので、たとえば、水平定常飛行中にトリム調整を行えば、スティックを傾けておくことが不要になり、手放しでも安定して飛ぶことができる。スティック以外のレバー類は、脚の操作やフラップの操作などに利用される。

無線周波数の種類

無線は周波数を使い分けることによって、さまざまな目的に利用されている。その意味で、周波数は貴重な資産であり、国ごとにその利用法が規定されている。

わが国の無線周波数は総務省によって定められ、ホビー用無線航空機専用電波として二七メガヘルツ、四〇メガヘルツ、七二メガヘルツ帯が、産業用無線航空機用専用電波として七三メガヘルツ帯が提供されている（図2－12）。

最近では、二〇〇七年に二・四ギガヘルツ帯の利用が認可され、市販のドローンのほとんどはこの周波数帯を利用している。二・四ギガヘルツ帯はＷｉ－Ｆｉでも利用されるもので、

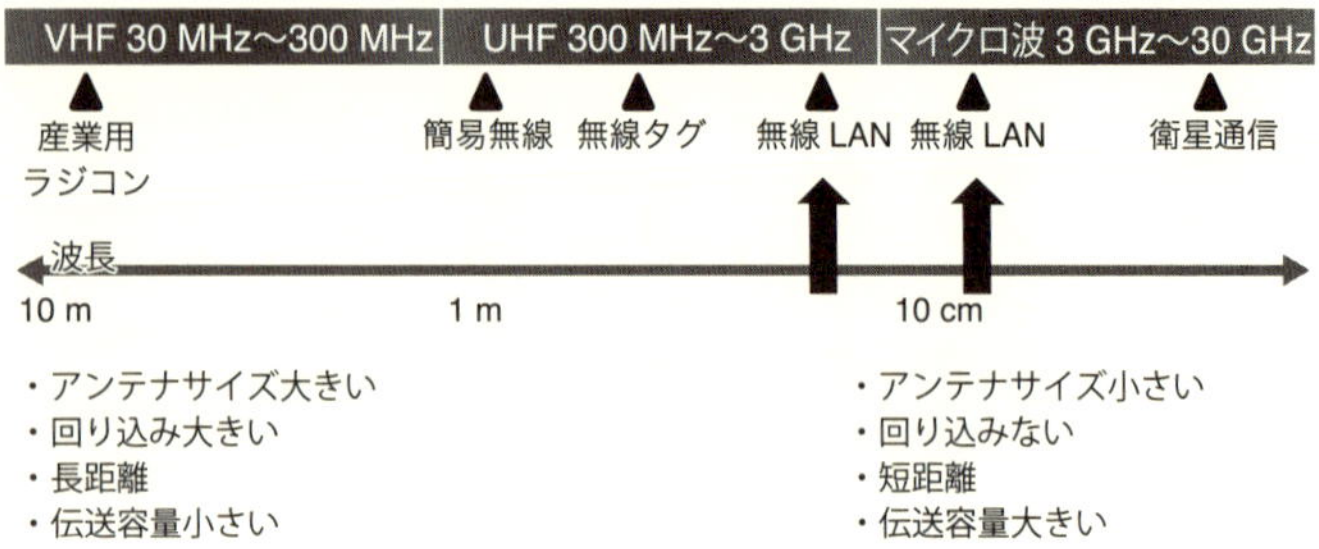

図 2-12　周波数による無線の特徴

周波数ホッピング（コラム参照）を利用することで、同時に複数利用しても混信を避けることができる。免許申請も特定小電力無線局扱いなので不要であるが、「技適マーク」（標準規格適合証明）取得品を使用する必要がある。二・四ギガヘルツ帯はＷｉ－Ｆｉ以外に電子レンジなどでも利用されているため、その利用には注意が必要である。電子レンジのスイッチを入れると、二・四ギガヘルツ帯のＷｉ－Ｆｉが切れてしまうことを家庭内で経験したことがあろう。ただ、Ｗｉ－Ｆｉは世界的に広く利用されており、安価に提供され、双方向通信も可能であるためドローンに普及している。操縦だけでなく、機体の電圧などの情報をプロポ側で把握するといった使い方も可能である。

免許の不要な特定小電力無線局は残念ながら遠くまでは届かないため、二・四ギガヘルツ、五・七ギガヘルツ、一六九メガヘルツ、七三メガヘルツ帯で、免許制ではあるが、出力の高い電波の利用も平成二八年夏から認められるようになった。使用に関しては、両者間の調整も義務づけられ、こうした調整を行っている団体に所属する必要がある。

コラム　女優ヘディ・ラマーの無線特許技術

従来のラジコン機は、無線の混信を避けるために同じ周波数の電波を同時に使用しないように注意する必要があった。ラジコンクラブの飛行場を利用する際には、使用している無線の周波数（バンドと呼ばれる）をプラカードに掲示して同じ周波数を使用しないように注意を呼び掛けていた。該当する周波数のプロポの電源を入れただけで影響が及ぶからだ。現在、普及しているドローンは、同時に何機も飛ばすことが可能になったのは、Ｗｉ－Ｆｉやブルートゥースなどの通信技術が利用されているためである。

この通信技術の基礎的な技術は、ハリウッド女優、ヘディ・ラマー（図２－13）が作曲家のジョージ・アンタイルとともに一九四二年に「Secret Communications System」という名称で取得した米国特許が基本となっている。無線による通信は傍受と妨害という課題を抱えていたが、ヘディ・ラマーとジョージ・アンタイルは、この課題を解決するために通信の周波数を特定のシーケンスで切り替えて送信し、受信側も同じシーケンスで受信する方式を考案した。

ヘディ・ラマーは、一九一四年オーストリア生まれで、一九三〇年に女優としてデビューし、一九三三年上映の『春の調べ』で映画史上初の全裸シーンで話題となった。同年、武器商人のフリッツ・マンドルと結婚し、それが縁で、技術に興味をもったという。嫉妬深い夫は、彼女を商談の場にも同席させ、ヘディは耳学問で技術にも精通していった。三七年には嫉妬深い夫からついに逃亡し、最終的にはハリウッド女優となり、映画史上「もっとも美しい女性」の名声を得た。

第二次世界大戦中に、魚雷の無線誘導が敵の妨害電波で無力になることを知り、作曲家のジョージ・アンタイルと協力して自動演奏ピアノのロール紙にヒントを得て、周波数を随時変更する方式を発明、一九四二年に「新しい通信方式」として特許を取得した。当初はその有用性は理解されな

図 2–13　もっとも美しい女性、ヘディ・ラマー　Wikipedia より。

かったが、戦後、重要な軍事技術となった。一九八〇年代に携帯電話が出現したころから民間での使用が開始され、現在ではＷｉ－Ｆｉなど、無線技術には欠かせない技術となった。

晩年のヘディ・ラマーは不遇といえようが、二〇〇〇年に亡くなる前、一九九七年にElectronic Frontier Foundation Pioneer Awardを受賞し、死後の二〇一四年には全米発明家殿堂入りを果たした。ドイツ語圏では彼女の誕生日一一月九日は「発明の日」とされており、その業績が評価されている。ドローンを手軽に飛ばせるようにヘディの通信技術が利用されている。ヘディに感謝である。

四　ドローンを特徴づける自動操縦技術

自動操縦の歴史

ドローンを特徴づける技術として、無線技術とともに、自動操縦技術がある。自動操縦の歴史はライト兄弟の初飛行よりも古かった。一八九四年、ロンドン郊外において、全長四四メートル、翼幅三四メートル、重量三・五トンの巨大な実験機（図2－14）が飛行試験された。米国出身で英国に移民した機関銃の発明家、ハイラム・マキシムにより開発された複葉機は、三六〇馬力の蒸気エンジン二基により二つのプロペラを回転させ、五五〇メートルのレールを滑走し、パイロットを乗せて浮上したという。もっとも、機体が勝手に飛ばないように、レールには木製のガードレールが取り付けられており、これが外れたため機体は大破し、実験は終了となった。この機体には、安定した飛行を維持できるように、ジャイロを利用した自動制御メカニズムが同時に開発されていた点は特記すべきである。飛行機の操縦は難しすぎると考えられたためであった。

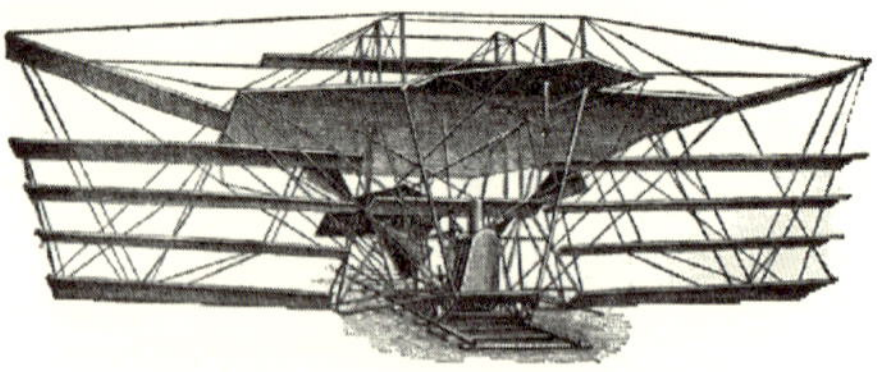

図 2-14 自動安定化装置の特許も出願されたマキシムの実験機（1894 年）

ライト兄弟自身も、初飛行のあとに、飛行機を普及させるために操縦を自動化できる自動操縦装置の研究を行った。弟のオービルは、機体の傾きを重りのついた振り子により検知し、昇降舵と翼のねじりをつかさどるワイヤーを自動的に操作するフィードバック装置を考案し、一九〇八年に特許を申請している。この特許は一九一三年に認められ、オービルはモデルEにこの装置を取り付け、同年一二月三一日に、手放しでの周回飛行に成功した。

自動操縦には、機体の姿勢を自動で検出するしくみが必要となる。オービルの方式は重力を利用したものだが、加速度飛行を行うと慣性力が作用するので、重りは地心を向かなくなってしまう。現在使用されている自動操縦装置の原型は、エルマー・スペリーが発明した。高速回転するコマ（ジャイロ）は回転軸を常に一定の方向に維持する性質がある。スペリーは、この性質を機体の姿勢を検知するために利用し、一定の姿勢を維持して飛行する自動操縦装置を開発した。その装置は、一九一四年六月のフランスで開催された航空安全協議会で公開された。エルマーの息子ローレンスはカーチスNC－2を手放し飛行で飛ばし、さらに、同乗したメカニックが主翼の上を這って移動し、ローレンスは手放しのまま飛行を続け、観客の喝采を浴びた。

自動操縦装置自体は、成熟に長い年月を要するが、スペリーのジャイロは人工的に水平線を表示する傾斜指示計器としてただちに実用化された。ローレンスはさらに自動飛行装置の改良も続け、第一次世界大戦中にドイツの潜水艦を無人で攻撃できる飛行魚

図 2-15　水上機カーチス N-9 を改造した飛行魚雷実験機（1918 年） Wikipedia より。

図 2-16　無尾翼機 YB-49

雷の開発にも携わった。水上機カーチスN－9を改造した無人機（図2－15）に、自動操縦装置が搭載され、無線操縦の機能も備えられた。一九一八年には飛行試験も成功し、テスラの構想した遠隔操作無人機が現実のものとなった。ただし、戦争が終結し開発は中断された。スペリーの自動操縦装置が実用化を迎えたのは、ウィリー・ポストが一九三三年に同装置を搭載したロッキードベガによる単独世界一周飛行に成功して以降のことである。

自動制御の働きで機体を安定化させることは、とくに機体固有の安定化が備わっていないヘリコプターやマルチコプターでは必須の技術である。航空機でこうした安定増大装置（SAS）が最初に導入されたのは、無尾翼機の「ヨーダンパー」である。米国のノースロップ社が第二次世界大戦後に開発した無尾翼機YB－49は尾翼をもたないため、方向安定性に欠けた（図2－16）。そのため、ジャイロでヨー角速度を検出し、その角速度を止めるように自動的に方向舵を操作するものであった。無尾翼機以外にも当時出現したジェット機に採用された。ラジコン機ではラジコンヘリに同様にヨーダンパーが搭載されるようになり操縦が容易になり、マルチコプターではヨー軸以外に三軸の回転に対して安定性を付加する自動制御機構が安価な玩具にも備わっている。これは、小型で安価な半導体センサーが普及したためである。

航法の歴史

航空機を自動で飛行させるためには、自機の位置と目標位置を認識させることが必要になり、これを「航法技術」という。有人機の場合、地上上空を飛行する限りでは地表の目標を頼りにする「地文航法」で事が足りたが、海上を飛行する際には、方位と速度から移動位置を算出し、風向風速によって補正する「推測航法」と天文観測を利用した「天測航法」を組み合わせて飛行した。その後、地上の無線施設からの電波を利用した「無線航法」が整備され、現在に至るまで使用されている。電波が利用できない洋上飛行、また、電波妨害が予想される軍用機には地上設備に依存しない「慣性航法」が開発され使用され続けている。そして現在では、人工衛星からの信号をもとに位置を推定する「ＧＰＳ航法」も利用できるようになった。

慣性航法の原型は、第二次世界大戦中に開発された液体ロケットV2で採用された。V2の誘導制御は初歩的なもので、決められたコースをオートパイロットで制御し、決められた速度の到達時点でエンジン推力をカットして、あとは弾道飛行を行うものであった。空気のない宇宙空間では、空気の圧力差を利用したピトー管による速度計測は使用できないので加速度を計測し、その積分値から速度を算出した。その後の慣性航法装置は速度をさらに積分して位置まで算出する方式へと発達し、レーザーリングジャイロを利用した慣性基準装置へと発展している。

現在の無人航空機が利用する航法はGPSを代表とする「衛星航法」である。GPSは衛星群を利用した米軍の測位システムである（図2－17）。原理は三点測量であり、衛星から受信位置までの距離を求めて緯度・経度・高度の情報を得るために、衛星から発射された電波の受信点までの正確な到着時間を測定する。GPS衛星は正確な原子時計を備えているが、受信器の時計の精度には限界がある。そこで、受信器の時計の誤差も変数にして、最低四つの衛星を利用して精度を上げる。衛星数は多ければ確実になるため、最近ではロシア軍の衛星測位システムGLONASSを併用する場合もある。

米軍が運用するGPSは、当初は、安全保障上の問題から精度を意図的に落としていた

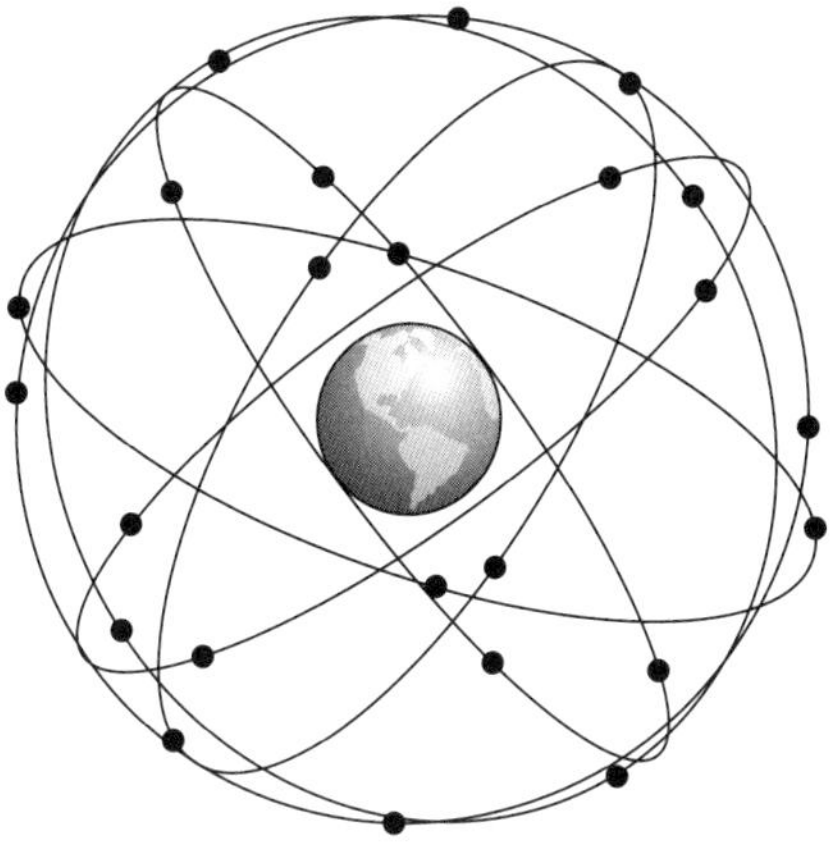

図 2-17　GPS 衛星群

（精度選択機能）。この結果、民間用のサービスの測位誤差は一〇〇メートル程度であった。湾岸戦争のときには、軍用受信機が不足して、民間用サービスが軍用にも利用されたので、一時的に本来の精度が提供されたときもあった。今日、GPSはカーナビをはじめ広く利用されており、二〇〇〇年に精度選択機能処理は廃止され、一〇メートル誤差程度に改善された。

カーナビには道路情報が備わっており、それとのマッチングによりGPSの精度を向上させている。地下駐車場などに止めたあとで、位置が一〇メートルほどずれていても、交差点を二、三度回れば正しくなるのはこのためである。空中にはそうした地図情報はないため、GPSの精度を向上させるためには別のしくみが必要で

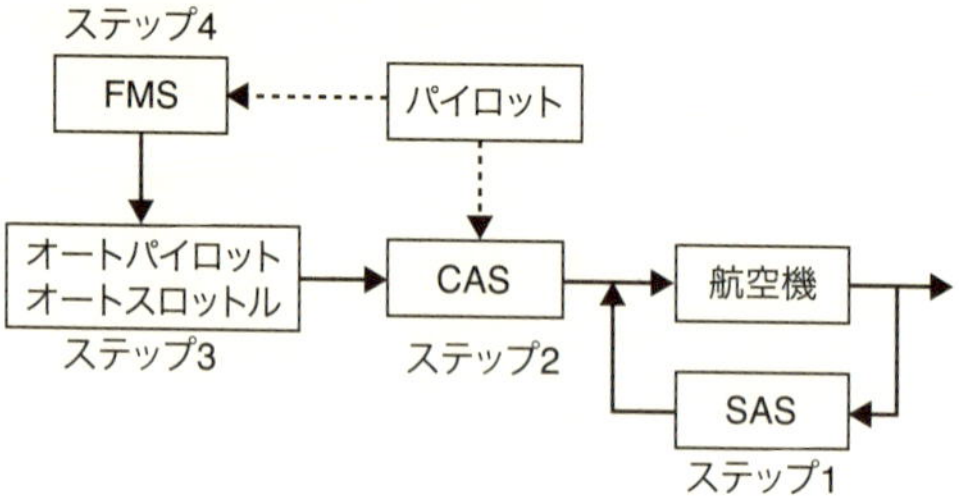

図 2-18　自動操縦システムの変遷

あり、誤差情報を、衛星または地上局から発信する方式が開発されている。また、衛星からの距離を利用した単独測位ではなく、複数の受信機と衛星との距離の差（行路差）を利用する相対測位により精度を上げる方式も存在する。いずれも、小型のドローンで簡単に利用できるシステムが求められる。

航空機の自動操縦技術

現代の自動操縦システムの変遷を図2－18に整理する。ステップ1ではYB－49に搭載されたようなフィードバック制御による安定増大装置（SAS）が導入され、ステップ2では、SASで安定性が増加した航空機は操縦入力に対して応答が緩慢になるため、操縦性能を増すための操縦強化装置（CAS）が導入された。これは操縦入力を増幅して航空機へ入力を指示する働きを行う。ステップ3では、オートパイロット、オートスロットルが導入され、パイロットの直接の入力がなくとも飛行

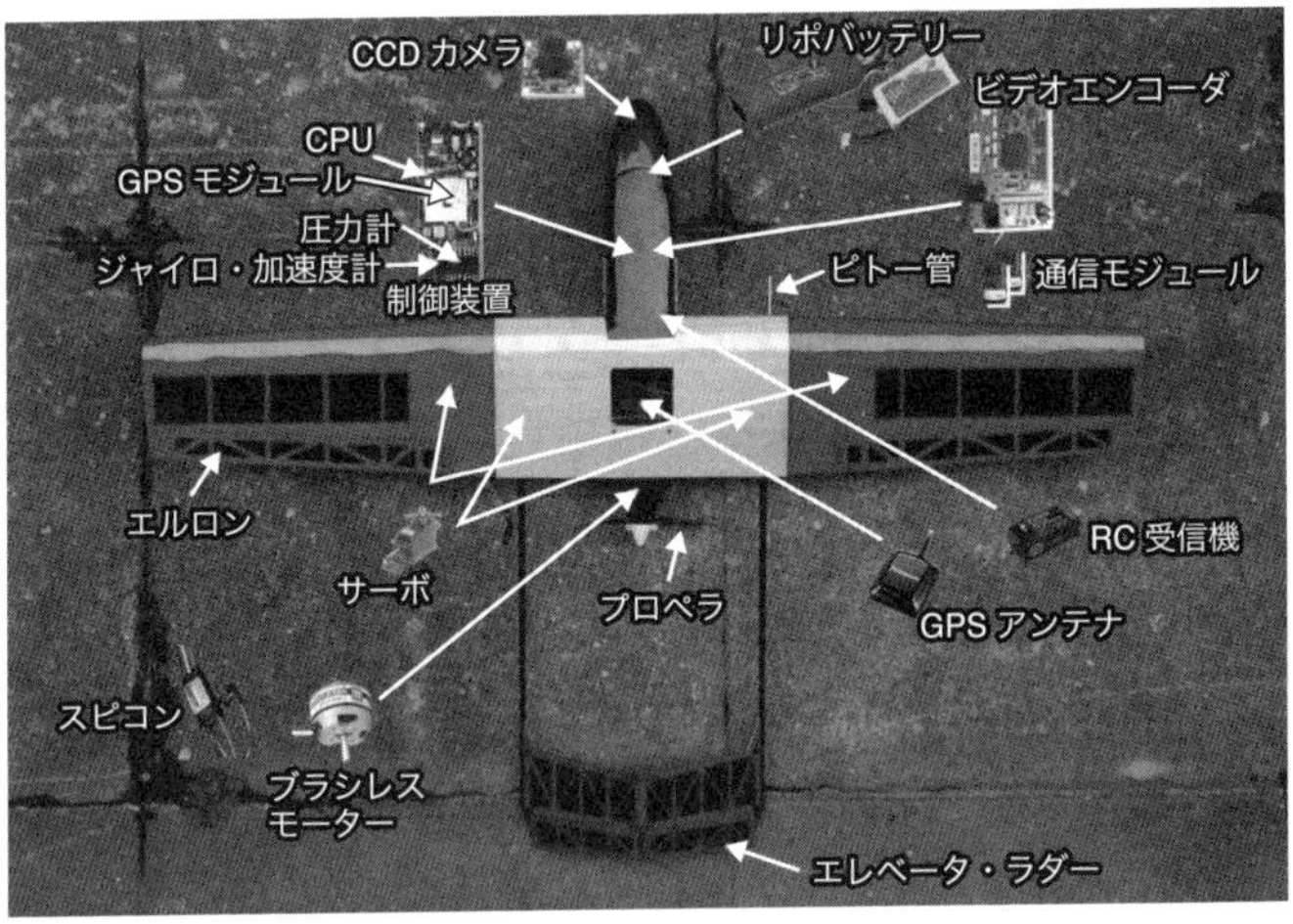

図 2-19　自動操縦のために無人機に搭載された機器

が可能となった。オートパイロットは決められた高度、方位、上昇または降下経路を維持するもので、オートスロットルは決められた速度を自動的に維持する働きをもつ。最後のステップ4では、飛行マネージメントシステム（FMS）が導入され、目的地を入力すれば自動的に飛行することも可能となった。ステップ4では自機の位置を知る航法技術と、目的の経路に従わせる誘導技術が必要となる。

ドローンの機器構成

以上のような自動飛行機能を実現するために、無人航空機では図2-19のような機器を搭載する。遠隔操作の場合は、ラジコン用のコントローラー（プロポ）から操作信号を送り、機体で受信した信号により舵面や、エンジン推力を制御する。自動操縦の場合は、地上のPCから飛行経路情報などを機体に送り、機体のGPS受信機、センサー（加速度計、ジャイロ、気圧高度計）情報をもとに舵面や、エンジン推力の指令値を機体搭載のコンピューターが出力する。この際、高度や速度などの飛行情報は機体から地上のPCに送信され、PCで飛行状態をモニターすることができる。通常プロポからの送信で、遠隔操作と自動操縦を切り替えることが可能で、カメラの制御信号はPCから送信する。撮影データの受信は、制御用の無線（C2-Link）とは別の無線周波数を使用するのが一般的である。

マルチコプターの場合には、さらに地磁気センサーを搭載する。飛行機の場合には、進行方向が機首の方位にほぼ等しいので別に方位を計測することは通常しないが、マルチコプターは左右前後どの方向にも進めるため、方位を別に計測することが必要で、空中で停止するホバー時にも機体の向きを知る必要がある。地磁気センサーは半導体素子を用いた電子コンパスが一般的に利用される。

ドローンの自動操縦

GPSを搭載すれば、ドローンを決められた地点（ウェイポイント）を自動で通過するように自動飛行させることが可能である（図２－20）。離陸や着陸も自動化することは可能であるが、有人の航空機のように通常は安全確保の観点から、離陸と着陸は遠隔操作の手動操縦にすることが多い。飛行機型の無人機の場合は、ウェイポイントの位置、高度、速度を指定し、順番にウェイポイントを通過するようにさせる。マルチコプターの場合には、さらにウェイポイントでの方位とウェイポイントでの停止時間も指定できる。こうした情報はパソコンのコントロールソフトにより地図上で設定でき、その情報をドローンに送り、ドローンはあらかじめ設定した飛行を自動的に遂行する。自動と受動の切り替えも常時できるようにすることが安全上必要であり、プロポのスイッチで切り替えを行う場合が多い。

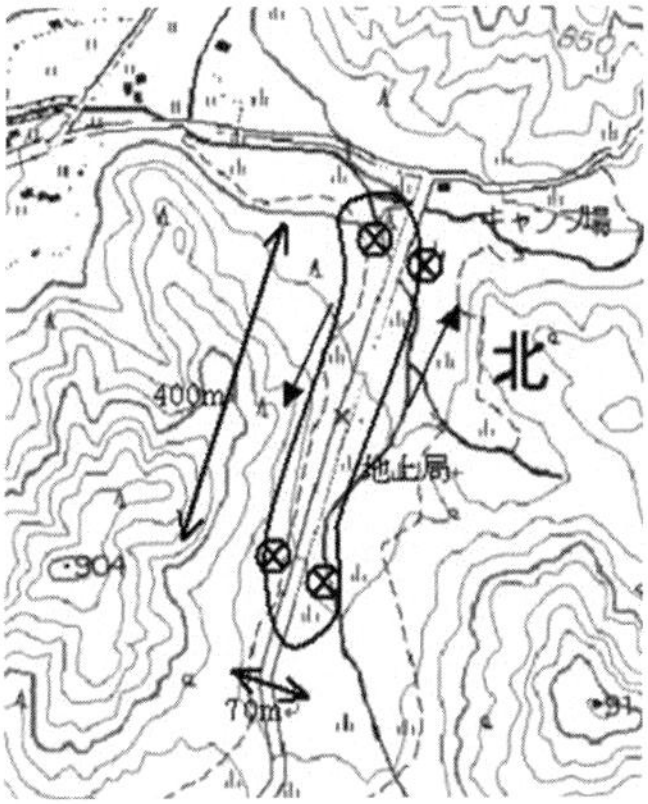

図 2-20　ウェイポイントの設定と実際の飛行経路

マルチコプターの場合は、上記のような経路の自動飛行までは行わず、高度と方位を一定に維持する定点維持飛行（ホバリング）を自動化したり、高度や方位を一定に維持してマニュアルで飛行させるような半自動飛行も効果的である。

第3章
ドローンをどのように利用するか

小型無人航空機、ドローンはすでに空撮や測量での利用が始まっている。ここでは、筆者らが具体的にドローンを利用してきた事例をもとに、ドローンがどのように利用できるかを説明したい。

一　モニタリングにドローンを利用する

植生観測

私たちがドローンの利用を最初に行ったのは、広島県八幡湿原の植生観測であった。二〇〇五年の夏、広島県の森林技術センターの研究員の方から、林業のモニタリングに飛行ロボット（当時はドローンという言葉は一般的でなかった）を使えないかという相談があった。森林技術センターでもヘリウムを入れた気球で上空から撮影を行うシステムを開発されていたが、気球では広域の観測が困難であったという。飛行機タイプで一度に広域のデータを取得したいということであった。森林技術センターでは、市販のデジタルカメラを改造したマルチバンド撮影システムも開発されており、ちょうど研究室で所有する飛行ロボットSkyEye（図3－1）に搭載可能であったため、すぐに試験することになった。

図3-1　飛行ロボット SkyEye

試験場所として選ばれた北広島郡の八幡湿原は、環境省の自然再生推進法の下で、元来の湿地に戻すための事業が計画されていた。標高八〇〇メートルの湿地帯はかつて放牧地としての利用が検討され、乾燥化のための整地が行われたものの、放牧事業は成功しなかったという。そこで、豊かな自然環境であった湿地帯に戻すべく自然再生事業の対象となった。二〇〇五年に訪れた際には現地は公園となっており、再生事業はまだ開始されていなかった。

飛行ロボットSkyEyeは、新エネルギー・産業技術総合開発機構（NEDO）からの委託によりNPO法人大田ビジネス創造協議会、東京大学、三菱電機、中央大学が開発し、二〇〇五年六月には愛・地球博の「プロトタイププロボット展」

に展示されたものであった。その実用化の検討のために、八幡湿原の植生観測を実施するという背景があった。SkyEyeは、翼幅約一・五メートル、機体重量約一・二キログラムで、ウェイポイント追従の自動飛行機能が組み込まれていた。森林技術センターで開発された二台のデジタルカメラを搭載し、高度一五〇メートルで、再生工事予定地域を自動飛行し空撮する予定であった。

図3-2　公園内の直線状の道路から離陸させ、道路に沿って高度150mを直線飛行させる
地図データ：© 2017 ZENRIN

大学で宅配便により現地の民宿に機体を送り込み、私たちは広島空港へ飛び、レンタカーで現地に向かった。山に囲まれた公園内には五〇〇メートルほどの直線状の道路があり、道路沿いには木が植えられていた（図3－2）。周囲には着陸可能な草地があったため、道路から機体を離陸させることにした。機体は軽量なので、現在JAXA研究員の久保大輔君が手で担いで走り、そのまま離陸させた。ハンドランチと呼ばれている方法である。

離陸と着陸は、プロポによるマニュアル操縦で行った。道路に沿って飛行経路を設定するために、道路の南北の端に二点ずつウェイポイントを設定した。機体を組み立てたあと、プロポの接続が正常に行われているかを確認する。機体を地上に置き、スティックを倒して、舵面が正しい向きに動くかをテストするのだ。次に、機体を地面で摑《つか》んで固定し、プロペラを試しに回転させ、推力が十分発生しているかを確認する。プロペラを逆向きにつけると、回転するが推力が十分でないことがあるので確認が必要なのである。ラジコン機の場合は、ここまでであるが、自動飛行をさせるために、GPS信号が捕獲でき、機体の位置が正しく認識されているかを確認し、さらに、オートパイロットが正常に機能しているかを確認するために、機体をロール、ピッチ、ヨーの三方向に回転させ、舵面がそれを止める向きに自動で動くことを確認する（図3－3①）。

離陸してからのマニュアル操縦後、高度がほぼ一五〇メートルに到達した状態で、飛行モードを自動に切り替えれば、ウェイポイントを順番に追従する自動飛行になる（図3－3②③）。二台のカメラは、一台は通常のカラー静止画を、もう一台は近赤外線の静止画を撮影する（図3－3④）。この二台の撮影画像からフォールスカラー画像を画像処理ソフトにより作成する（図3－4）。フォールスカラー画像は、衛星からのリモートセンシングに利用

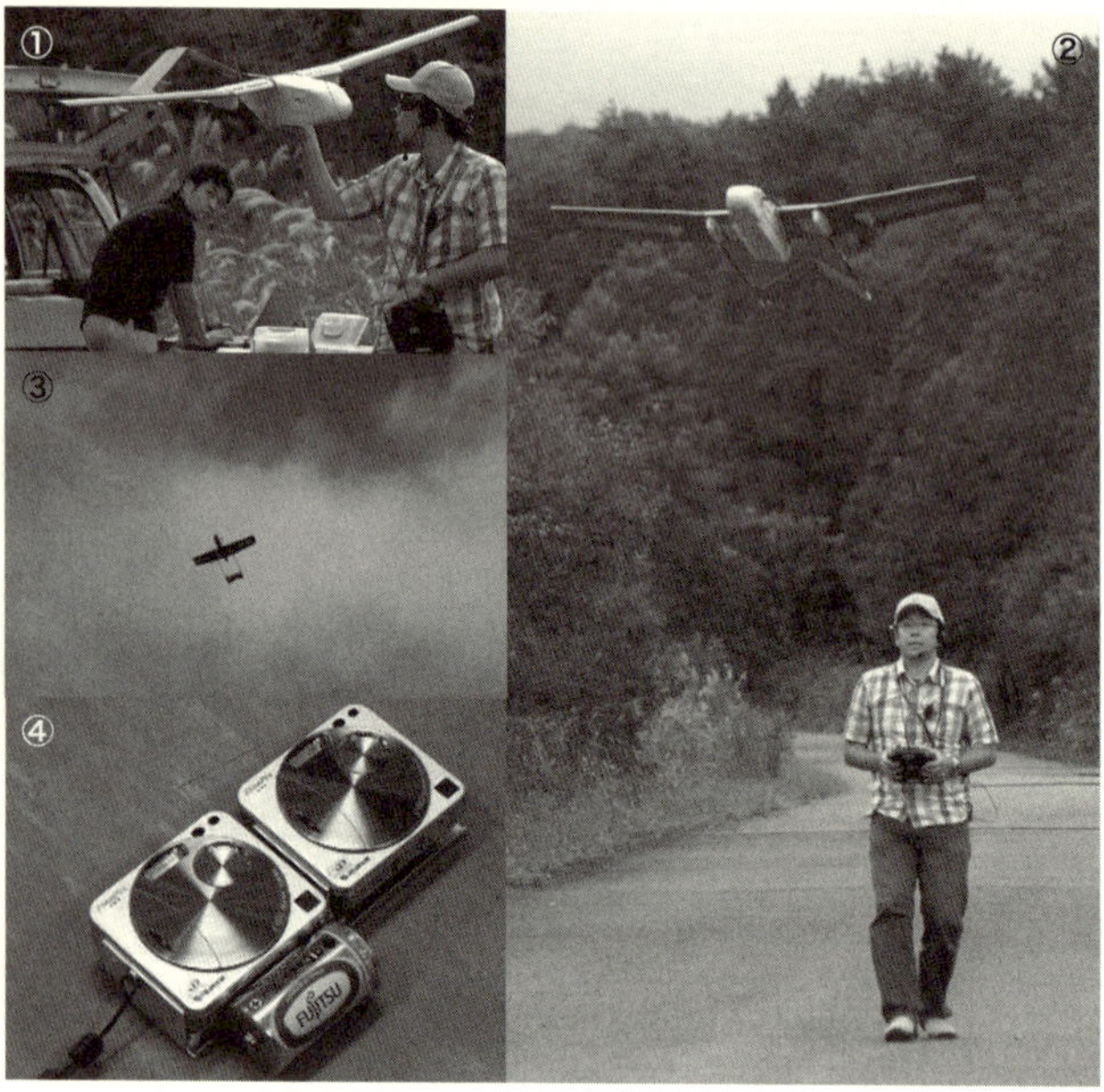

図 3-3　SkyEye によるモニタリング　①離陸前の調整の様子。②離陸した瞬間の飛行ロボット。③高度 150 m を自動飛行する飛行ロボット。④搭載された 2 台のカメラ。

されるものである。植生観測に利用されるのは、植物の葉緑素が赤外線を強く反射するため、生育状況が把握できるからである。緑色光バンドに青、赤色光バンドに緑、赤外線バンドに赤を割り当てれば、生育のよい植物が赤く写真に撮れ、容易に生育状況を確認できることになる。近赤外線のモノクロ撮影用カメラは、森林技術センターで赤外線除去フィルターを除去する改造がなされたものであっ

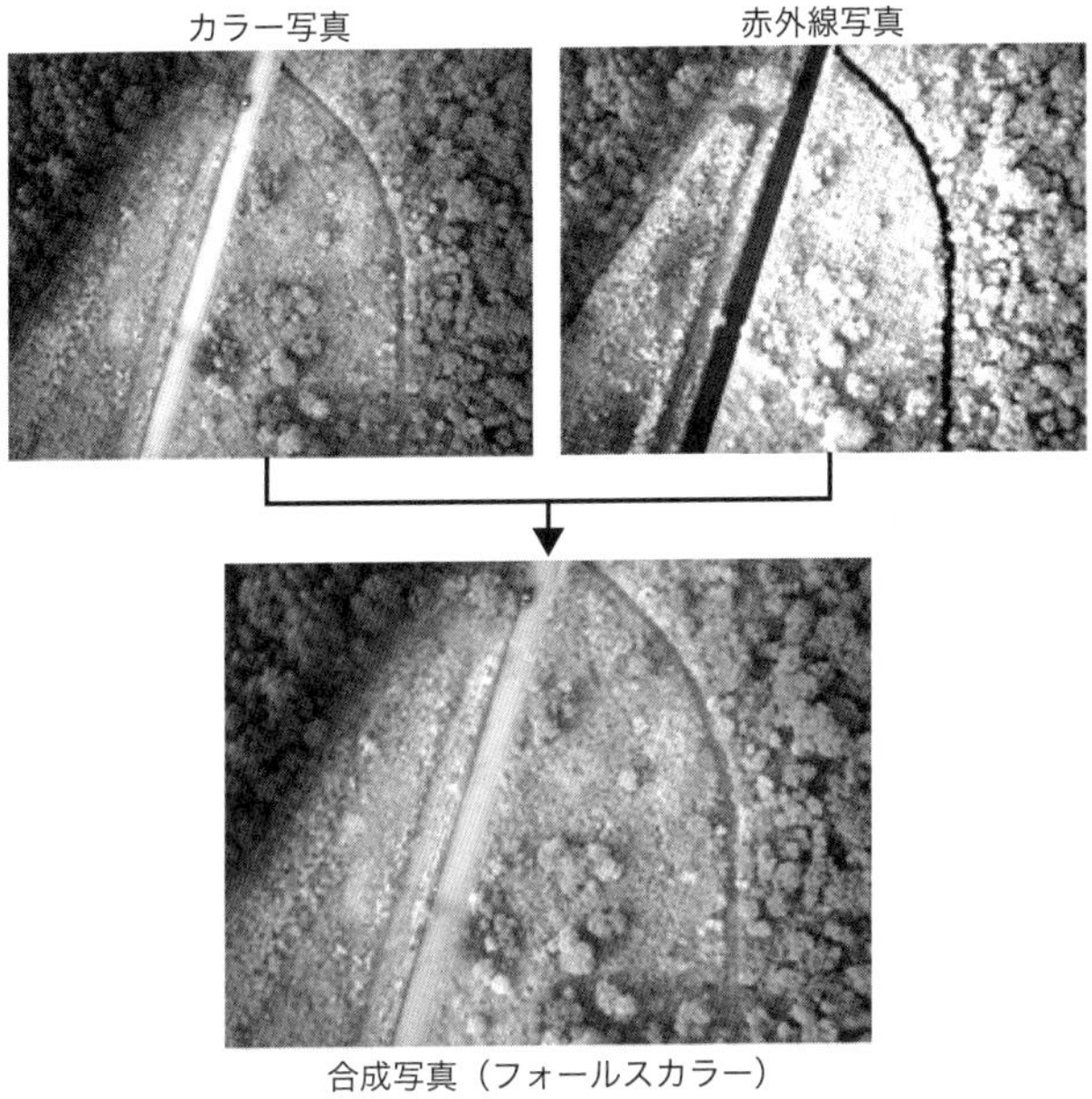

図 3-4　デジカメ画像を合成したフォールスカラー画像　上の図からはわかりにくいが、実際の合成画像は緑、青、赤、黒で表現されている。

た。[10] 着陸はふたたびマニュアル操縦に切り替え、道路わきの草地に胴体着陸させた。

飛行ロボットによる空撮は、低高度から高解像度の写真が簡単に得られるメリットがあるが、低高度のため撮影範囲が狭くなるという課題があった。航空機の空撮ではオルソ処理という補正手法があるが、カメラを搭載した航空機の位置と姿勢の正確なデータが必要となる。飛行ロボットが搭載するセンサーではそこまでの正確なデータは期待できない。当初は図3－5のように手作業でのモザイク合成が必要であった。

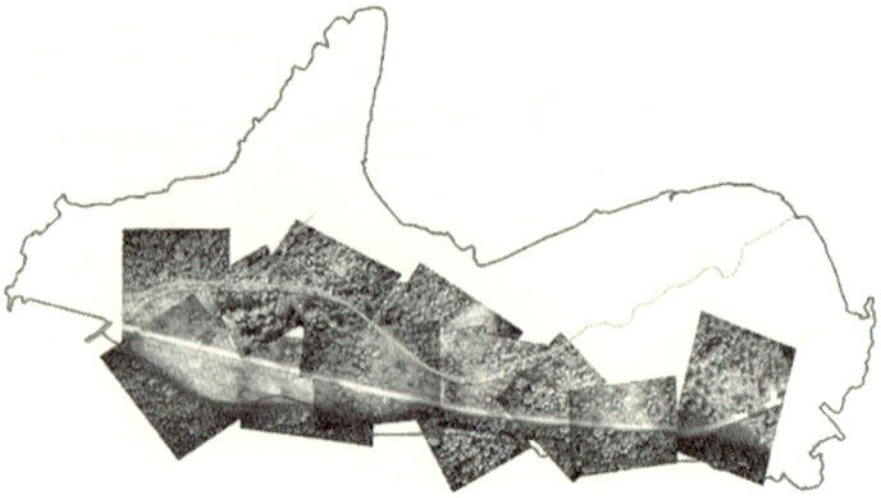

図 3-5　初期のモザイク画像

自然再生工事は二〇〇七年度から、二〇一〇年度まで実施され、飛行ロボットによる空撮は二〇一四年まで毎年実施された。飛行ロボットは、途中から東京大学と三菱電機で共同開発された機体になり、早稲田大学チームが画像処理を担当することになった。

早稲田大学チームは、モザイク合成を自動合成する手法を開発した。機体の位置・姿勢情報では不十分なため、画像間の特徴点を自動抽出しモザイク画像を自動的に作成するものである。これにより図3－6（左）のような広域高解像度画像が容易に取得可能となった。さらに、こうした画像から植生の分布状況や活性度を示す指標である、正規化差植生指数（NDVI）の分布を求めることも可能となった（図3－6右）。また最近では、機械学習により高木・低草・アスファルト・水辺・地面の五種類の分類を試み、高精度な土地被覆分類図の作成に成功している。[11]

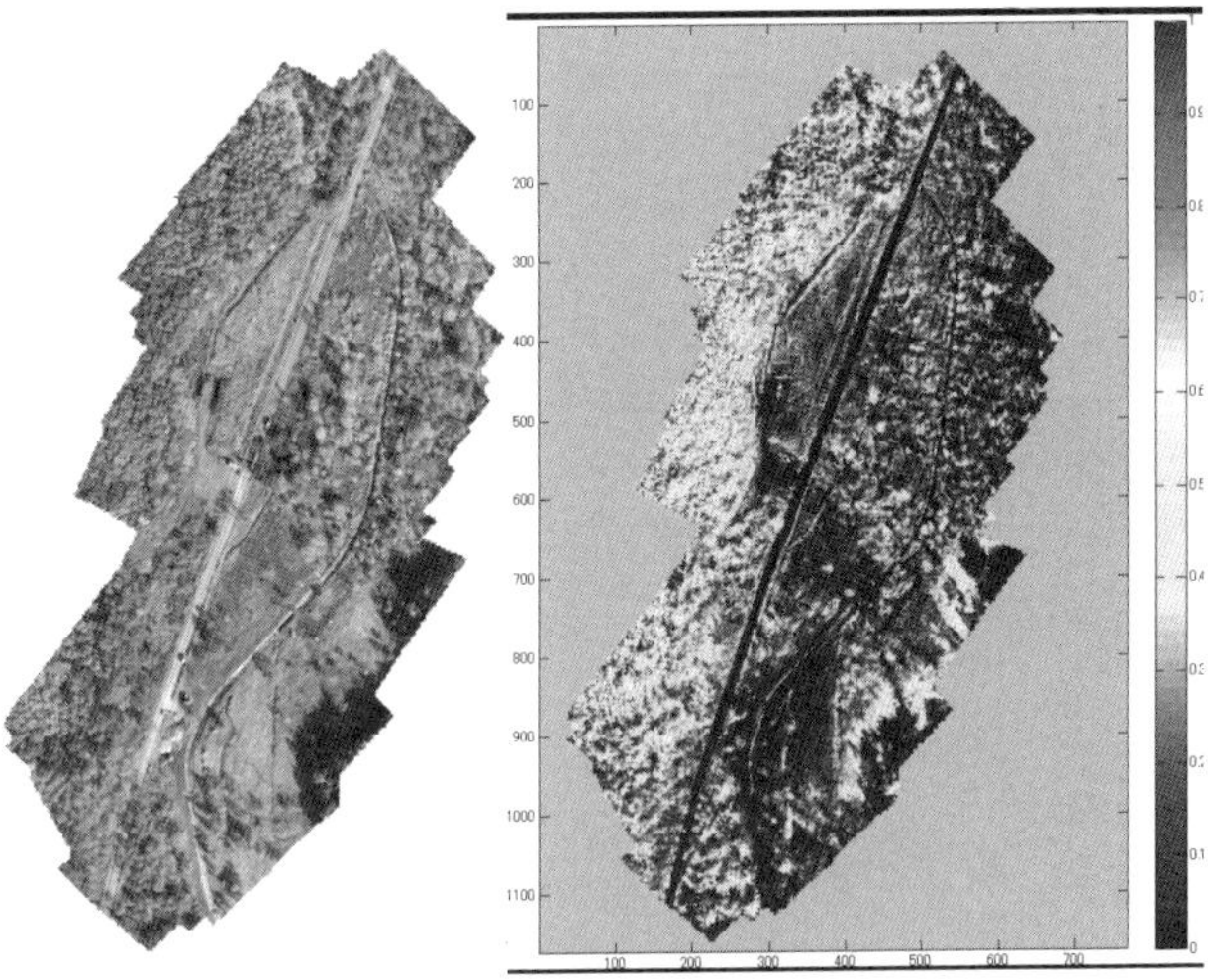

図 3-6　高解像度モザイク画像

森林技術センターではこうした長期的な空撮によって、乾燥化した土地への導水路の導入による湿地化により、植生がどのように変化したかを定量的に記録に残すことが可能となった。東大の飛行チーム、早稲田の画像処理チーム、森林技術センターの現場での研究がそれぞれ効果的に連携できた成果であると考えている。

海岸モニタリング調査

飛行ロボットによる空撮は、海岸モニタリング調査にも活用された。この調査は、アイコムネット（現在、ブルーイノベーション株式会社）、財団法人土木研究センターとの共同で、茨城県鹿島灘沿岸の神向寺海岸で二〇〇九年に行われた。同海岸は浸食が進行して、冬場の越波被害が著しかったため、茨城県が二〇〇五年から二〇〇八年にかけて、全国ではじめて粗粒材を用いた養浜事業を行い、砂浜を定着させることに成功した場所で、定時モニターを行っている海岸である。

二〇一〇年八月二七日付『朝日新聞』の記事によると、同海岸は一九七〇年代まで砂浜だったが、利根川などの護岸が整備され、港ができて潮の流れが変わり、砂の流出が激しくなった。八〇年代には護岸の一部が倒れたり民家に塩害が及んだため、茨城県は海流を弱める目的で、突堤を一キロメートルおきに設置し砂を足したものの、砂は波に浸食され失われた。茨城県は新たな対策として、二〇〇五年から三年がかりで大型トラック一万五〇〇〇台分に相当する量の粒度の大きな砕石を投入した。その結果、砕石は波がきても水深一メートル付近でとどまり、波で運ばれた細かな砂を堆積させる効果があり、二〇〇八年には砂浜が復活したことが確認された。こうした砂の流出は全国で話題になっており、茨城県の対策は注目されているという。

砕石の投入後の定期的な調査が必要になったが、航空機での空撮は費用もかさみ、飛行計画の事前の提出が必要なため、天候などによる撮影日の変更が困難であったという。東京大学保有の飛行ロボット（三菱電機との共同開発の機体）による空撮実験が行われたのはこう

図 3-7　茨城県神向寺海岸における海岸モニタリングの様子　①撮影範囲(四角で囲った部分)。②飛行ルート。③離陸状況。④飛行状況。⑤デジカメによる写真を航空写真上に埋め込んだもの。

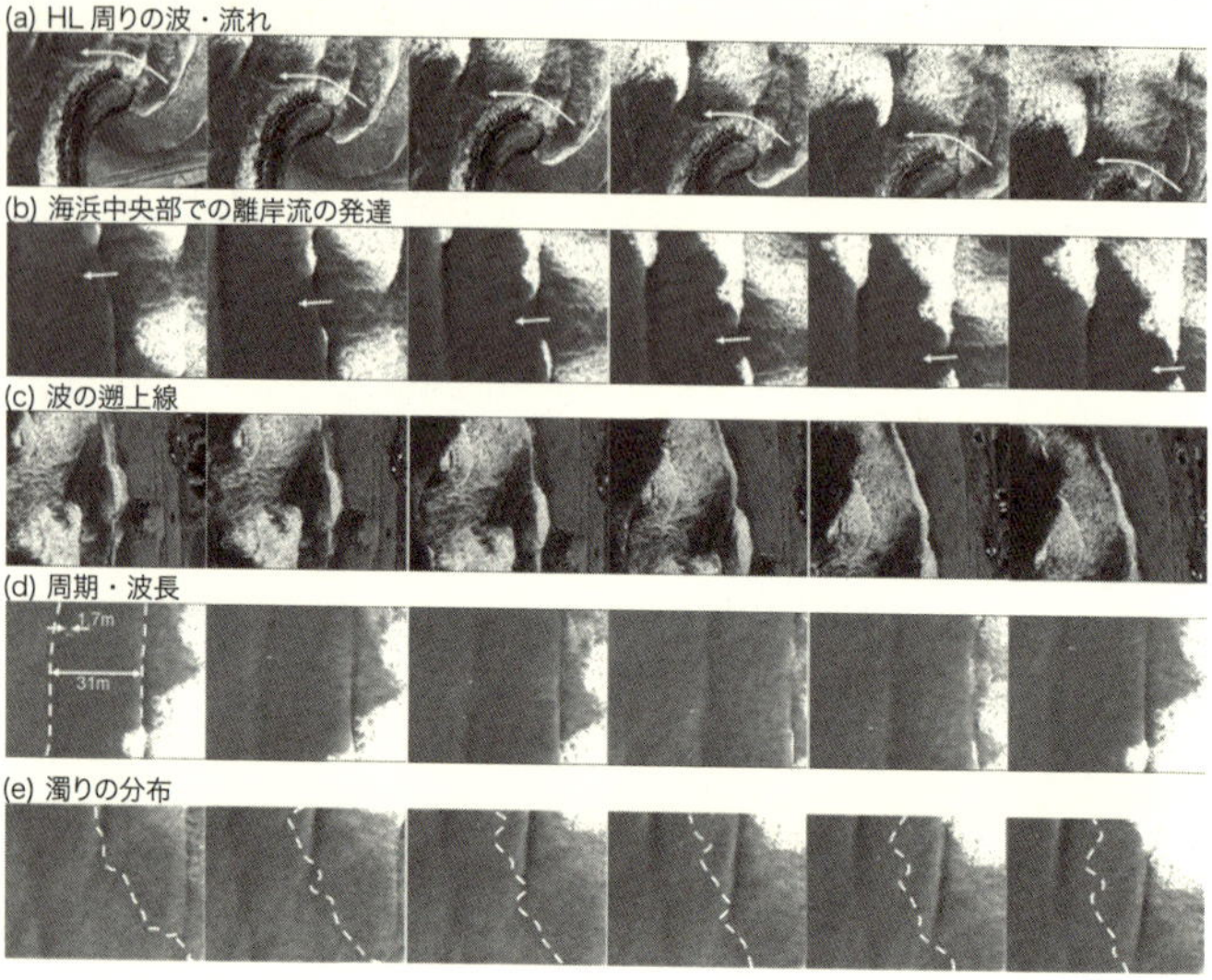

図 3-8　HD カメラによる波の観測画像

した背景からであった。

二〇〇九年の一一月、風の穏やかな早朝に飛行実験を実施した。堤防上からハンドランチにより機体を離陸させ、海岸線に沿って飛行するようにウェイポイントを設置し、高度一五〇メートルでの自動飛行を行った（図3－7）。空中撮影の結果を分析したところ、驚くほどくわしいデータが一挙にもたらされた。砂浜において比較的径の大きい砂粒が一部に集中する状況や、貝殻片の打ち上がり状況、離岸流の発生など、通常の飛行機による空中写真では判読が難しい微地形までも観察をすることができたのである。

またＨＤ（高精細度）による動画撮影では、波の打ち上がる位置や、波の速度、長さなど、従来手法では測量困難な情報が読み取れた（図３－８）。飛行ロボットは、同じウェイポイントを利用すれば、いつでも同じ飛行経路と高度を飛べるため、海浜の季節的・経年的変化の追跡にも有効である。

災害監視

第１章でも述べたように、ドローンの活用分野として災害時の被害状況把握が期待されている。東京大学では、三菱電機と共同で、一九九五年の兵庫県南部地震で被害の大きかった神戸市長田区の総合防災訓練で二〇〇五年と二〇〇六年の六月に、訓練所となった小学校の校庭で飛行ロボット（図３－９）による空撮を実施した。また、二〇〇四年の新潟県中越地震で被害を受けた旧山古志村での復興状況の空撮を二〇〇五年一一月に実施し、災害時の空撮の調査も行った。

長田区の防災訓練では有人のヘリコプターも空撮で参加したが、電動飛行ロボットが音もなく飛ぶ様子は評判がよかった。被災地の上空を大きな騒音を出しながら飛行するヘリコプターは、心理的にもストレスだったという。飛行ロボットは、有人ヘリコプターのように人

図 3-9　長田区防災訓練で展示された飛行ロボット

を救助することはできないが、上空からの調査には有効で、とくに避難経路を策定する際には早期の空撮が有効と考えられた。住民の方々の話では、震災発生時、どの方向に避難すればよいかという情報が欲しかったとのことであった。旧山古志村での空撮では、消防隊員の方々から、道路が使えない場所もあり、状況把握のために飛行ロボットが活躍できるとの評価もいただいた。

先に紹介した海岸線空撮の経験は、二〇一一年三月一一日の東北地方太平洋沖地震による津波で千葉県において被害を受けた北九十九里・飯岡海岸での津波被害調査につながった。同海岸は関東において津波による被害者が出た地域であった。地震のあと、アイコムネット（当時）、早稲田大学チームと連携し、津波による被害状況調査を千葉県の協力を得て計画した。当初は四月中旬に空撮を予定したものの、東関東自動車道をレンタカーで移動中に成田近くで大きな地震に遭遇した。現地からも余震が懸念されるので飛行試験を延期するとの連絡が入った。

結局、余震が収まった六月三日に空撮を行った。飛行区域は約二・一キロメートルの海岸区域とし、飛行区域内の安全を最優先して民家の上空の飛行は避け、図3-10右上のように海岸線に沿って飛行経路を設定した。また当日は、墜落による機体の回収策として、沖にマリンジェットを配置した。飛行高度は、海岸付近に設置された護岸や離岸堤の状況を高解像度で把握するため高度一五〇メートルの飛行とし、一回の飛行時間は約二〇分であった。

離陸はハンドランチで、いつものように高度を上げた時点で自動操縦に切り替え、着陸はふたたび手動に戻し、海岸の砂地に胴体着陸させた。飛行中に静止画と動画を取得し、現地調査と合わせた調査の結果、護岸形状と津波被害との関連性などを調べることができた[12]。地震のあと、調査員の立ち入りが困難なケースがあり、飛行ロボットは狭域からも離陸させることができ、バッテリーを準備すれば、一日何回かの飛行も可能であり、状況把握に適していることが確認された。

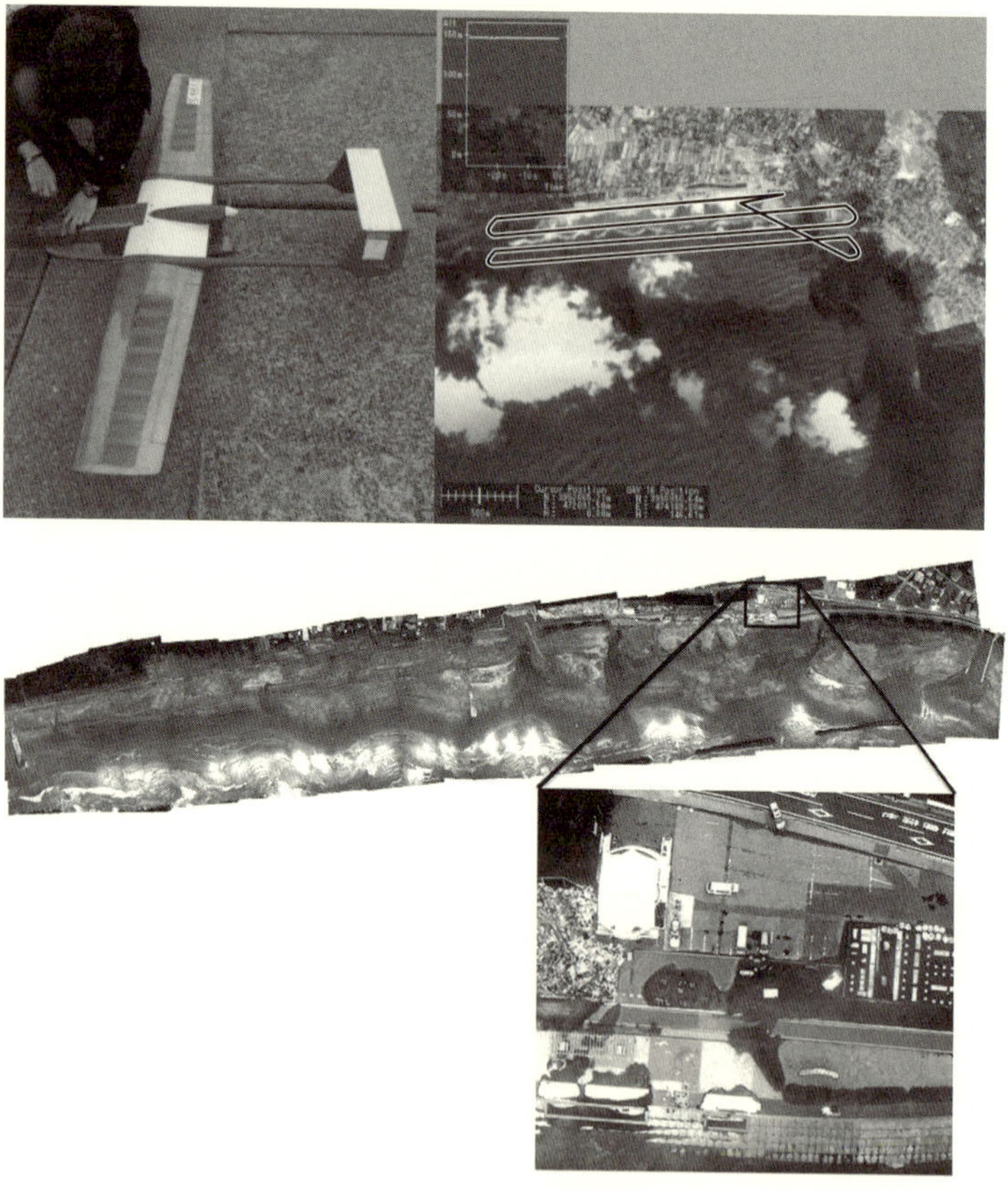

図 3-10　津波被害状況調査で利用された飛行ロボット（左上）と飛行コース（右上）、飛行コース全域の合成画像と地上局付近の拡大映像（下）

二　航空技術開発にドローンを利用する

無人航空機は、航空技術の実証機（デモンストレーター）としての役割がある。航空機の歴史において、新たな技術のデモンストレーターとして無人機は重要な役割をはたしてきたし、今後、航空機の開発費が高騰する中で技術実証を行う手段として、その役割はさらに大きくなると考えられる。

実は、一九〇三年にライト兄弟が初飛行に成功する前から、無人航空機による試験飛行は行われていた（コラム参照）。そして、ライト兄弟の成功のあとも、無人航空機が航空機の研究開発に利用された例は多い。革新的な機体で確実な開発プログラムが確立されていない段階では、実験機を設計製作する予算が確保できない場合が多く、無人航空機が利用された。

超音速機コンコルドの開発においても無人航空機というか模型飛行機による飛行実証が重要な役目を担った。第二次世界大戦のあと、英国では航空研究所（RAE）が中心となり一九五四年から超音速旅客機の構想が本格化した。この時点では直線翼のアブロ730超音速爆撃機案をベースに検討がなされ、一五名の乗客を乗せてマッハ2で大西洋を横断できると

図3-11　デルタ翼機バルカン

いう結論に達した。しかしこれでは経済的に成立しないことから、後退翼、デルタ翼、可変後退翼などさまざまな設計案が模索された。この中で、デルタ翼には根強い不信感があった。英国はデルタ翼機としてバルカン（図3-11）を飛行させていたが、同機は亜音速機であった。超音速を可能とする細長いデルタ翼は、ダッチロールと呼ばれる不安定な振動が発生すると信じられていた。その根拠は一〇年も前に発表された米国の報告書に基づくものであったが、超音速デルタ翼旅客機実現の大きな壁となっていた。

第一次世界大戦の戦闘機パイロットであったRAEのW・E・グレイは、実際にデルタ翼の模型を作成し、ヘリコプターや気球、はしごから落下させ、デルタ翼が大きな迎え角でも不安定にならないことを実証してみせた。この結果は風洞実験によって確認され、ついにはデルタ翼の低速性能を実証するために実験機ハンドレ・ページHP-115が試作された（図3-12）。その飛行試験によって超音速デルタ翼に対する障害は完全に取り払われ、超音速機の開発が実際に取り組まれるようになった。

図3‐13は、二〇〇七年に初飛行したNASAのブレンディッド・ウィング・ボディー（BWB）無人実験機である。本機は、NASAがマクダネル・ダグラス社（現、ボーイング）と共同で研究を進めた、BWB設計技術の検証のためにつくられた全幅六・四メートル

図3-12　デルタ翼機の低速性能実験機ハンドレ・ページHP-115　Wikipedia より。

図3-13　BWBの無人実証機であるNASAのX-48B　NASA

の無人機で、飛行試験を行ったものである。遠隔操作の無人航空機が発達し、本格的な航空機を製作しなくても飛行実証が行えるようになってきた証拠といえる。

また図3-14は、研究室が関わっている研究実証のための無人機である。全幅一・四メートルとさらに小型の電動無人機であるが、飛行中に翼端を分離させ、人工脳神経網による適応制御により、分離後も安定した自動操縦を持続させるための飛行試験が、経済産業省による「航空機用先進システム基盤技術開発」（平成二〇〜二二年度）として実施された（詳細は拙著『落ちない飛行機への挑戦』[13]を参照してほしい）。このように無人機は、限られた予算内での技術実証や、危険をともなう飛行試験に適しており、ますます盛んに利用されると考えられる。

図 3-14　耐故障飛行制御システムの飛行実証に使用された電動小型無人機

コラム　ライト兄弟よりも前に飛んだ無人航空機

本格的な無人航空機の第一号は英国のジョン・ストリングフェローによるものと考えられている。一八四〇年代にウィリアム・ヘンソンの「空中蒸気車」に協力したストリングフェローは、ヘンソンの「空中輸送会社」が失敗したのちも蒸気エンジンを搭載した模型飛行機の実験を続けた。

サマセット州チャードのレース編み機械製造業の出身であるストリングフェローは、ナフサとアルコールを燃料とした精緻な模型飛行機用蒸気エンジンを製作し、一八四八年には、翼幅三・二メートルの単葉機に搭載し、ワイヤーから懸垂させて滑走させ、飛行させたとも伝えられている。さらに、一八六八年にロンドンの水晶宮で開催された航空展覧会においては、三葉の蒸気エンジン駆動模型飛行機（図3－15）による懸垂飛行を公開した。一八六八年の航空展覧会は、英国航空協会が主催した航空に関する初の展覧会であった。飛行機自体はまだ存在せず、展示は気球が中心であったため、

図 3-15　1868 年の航空展覧会において展示された 3 葉蒸気エンジン模型飛行機

ストリングフェローの三葉機は大きな注目を集めたという。

　ストリングフェローの試みが実を結ぶにはもうしばらく時間が必要であった。蒸気エンジンの模型飛行機の本格的な飛行に成功したのは、スミソニアン博物館事務局長も務めたサミュエル・ラングレーであった。ラングレーは、翼の揚力の計測や、ゴム動力模型機の飛行実験を通して航空工学を研究し、一八九六年には蒸気エンジンを搭載した試験機エアロドローム（図3-16）を、ワシントンDCのポトマック川のハウスボートからカタパルトによって発射し、一・五キロメートル以上、飛行させることに成功した。スミソニアン協会は、一八八七年にストリングフェローの機体をエンジンとともに購入しており、ラングレーが、とくにストリングフォローの蒸気エンジンに影響されたことは間違いないであろう。

　遠隔操作のない自由飛行であったが、揚力と抵抗の見積もりが正確であり、翼を翼幅方向に反らせて機体の傾きに対して安定性を与える、上半角効果によって飛行の安定性が確保されていたこと

図 3-16　1896 年に自由飛行に成功したラングレーの蒸気エンジン模型飛行機エアロドローム

で、エアロドロームは安定に飛行した。この動力飛行の成功により、一八九八年に陸軍省から依頼され、ラングレーは有人の動力飛行開発に着手した。その背景には、スペインとの戦争が勃発し、偵察用として航空機が有望視されたことがあった。助手として雇われたチャールズ・マンリーによる五気筒の星形エンジンに代表されるように、完成度の高い機体に仕上がった有人機は、一九〇三年一〇月七日と一二月八日に、無人機と同じように、ポトマック川のハウスボートからカタパルトによって発射された。ところが両日とも、発射後すぐに機体は川へ墜落し成功には至らず、人類初の動力飛行の栄誉はライト兄弟のものとなった。

有人のエアロドロームの失敗は、操縦技術が未熟という以前に、その重要性がほとんど理解されていなかったことにあった。ライト兄弟が、飛行機の完成に欠けていたものが操縦技術であると看破し、グライダーによる操縦訓練を繰り返したのとは対照的に、パイロットに指名されたマンリーには操縦訓練の機会は与えられなかった。

三　教育にドローンを利用する

ドローンにはさまざまな利用の可能性があり産業化も進んでいる。意外な利用法として教育分野がある。

飛行ロボットコンテスト

無人航空機ドローンは航空工学、ロボット工学、電気電子工学が融合した技術といえる。世界的にも、こうした新たな技術を扱える人材は絶対的に不足しているといわれている。それは、教育機関がこのような異分野融合にただちに対応できていないことが一因である。私たちは、無人航空機を扱える人材養成のために、一般社団法人日本航空宇宙学会において「飛行ロボットコンテスト」を立ち上げた。[14] 二〇〇六年一月一五日、東京都大田区の大田区産業プラザ大展示ホールでの開催が第一回大会で、二〇一六年大会で第一二回を迎えた。

このコンテストへの参加資格は学生チーム（一チーム最大五名）であることで、機体は室内で飛行できる自作の電動小型無人航空機である。単なるラジコン飛行機大会と異なるのは、ミッションをこなすロボットであることが求められる点だ。いわゆるロボコンはすでに多く存在したが、本格的な空中ロボット大会というのは新たな試みであった。

私は、大学で航空工学を教えているが、航空機力学という講義で、飛行の原理を教えたあと、体育館で自作の紙飛行機のコンテストをクラスの学生に行ったことがあった。学生たちは、レポートでは理論を駆使して自分の設計した紙飛行機が優れた性能をもつことをアピールするが、自分でつくった紙飛行機を体育館で飛ばしてもらったところ、まったく飛ばない機体が多く驚いた。聞くと彼らは、模型飛行機製作の経験はおろか、紙飛行機もつくって飛ばしたことがないという。航空宇宙工学科の学生たちなのであるから、卒業後は、飛行機、ヘリコプター、人工衛星、ロケットの設計開発に携わるのである。はたして大丈夫かと心配になった。もちろん、実際の飛行機を学生のうちに設計して製作し、さらに飛行試験まで行うことは不可能に近いが、ラジコン機であれば自ら設計し、製作した機体を飛ばすことまでできる。米国ではすでに、そうしたラジコン機を滑走路で飛行させるコンテストが開催されていた。ただし、日本では滑走路の確保も難しく、屋外では天候によって開催が左右されるという課題があった。

二〇〇〇年代の半ばは、ちょうどリチウム・ポリマー・バッテリーによる電動ラジコン機が出てきた時期であり、小型のモーターを利用すれば電動小型機による室内での飛行も可能になった。体育館で飛ばせる機体であれば学校内で練習もできる。大田区産業プラザの大ホールを会場に使用できることになり、競技ルールを具体的に決めることになった。この大ホールは奥行き六〇メートル、幅二六メートルで、高さが一一メートルあり、コンテスト開催にはうってつけであった。

飛行ロボットコンテストでこなすミッション

次の課題は、どのような競技にするかであった。単に操縦技術を競うようなコンテストとは異なり、ロボットコンテストのように設定されたミッションに応じて機体を設計し、飛行にも作戦を立てることで、飛行性能を競うだけではなく、ミッション達成を競技の主体とすることにした。ミッションは時々で変わってきている。初期のミッションは、超小型（重量一五グラム）の無線カメラで床に置いた紙を映し、地上のチームメンバーが文字を読み取るというものだった。読み取りの正確さと、読み取る早さの両者で得点を競うことになった。正確に読み取るには飛行速度を下げるのがよいが、あまり飛行速度を下げると、読み取りに時間がかかってしまう。このあたりの戦略が、設計思想に反映されるという目論見である。

機体は、ラジコンで遠隔操作される重量一五〇グラム（カメラを含む）以下の飛行機、または、長さ一・五メートル以下の飛行船とした。動力はいずれも電動モーターとした。飛行船は浮揚気体にヘリウムを使用する。

スタートラインから飛行機または飛行船を飛行開始（飛行機はハンドランチ）させ、通過ゲートを通り、半径一〇メートルの観測フィールド上を飛行させる。観測フィールドには床にアルファベットと数字を書いた二〇枚の紙（A2からA4の大きさ）をランダムに配置させ、飛行中の機体から無線カメラで撮影する。撮影した映像をスタートライン手前のモニターで計測者が読み取る。得点は読み取りの正確さに、飛行時間も加味される。

第五回大会以降は、小型カメラの入手が困難になったこともあり、被災地に救援物資を投下するというミッションに変更した。具体的にはお手玉を目標エリアに投下する精度で得点を付けた。お手玉を投下すると機体重量が変化するので、航空工学的には難しい課題であるが、落下機構の設計も含め、数個のお手玉を投下しても飛行を維持できる機体を完成させる高度なミッションとなった。機体重量は二〇〇グラムとした。帰還できる機体が出てくるか心配したが、多くの機体は難なくミッションをこなした。学生の能力に驚いた。

第八回大会では、自動制御機能を取り入れるため、一定高度での旋回、八の字旋回をミッションに組み込んだ。小型の加速度計、ジャイロ、計算機の搭載が必要となるため、自動飛行に取り組む場合には飛行機の離陸重量を二五〇グラムまで緩和した。室内ではGPSを受信できないので位置まで指定した自動飛行は難しいが、加速度計とジャイロのみでこれを実現するチームがさっそく現れたのは頼もしかった。第一一回大会からは自作マルチコプターの部門も導入し、画像伝送によりチームメンバーが書かれた数字を読み取り、着陸地点を決めるミッションを設定した。マルチコプターの制御ソフトは、自作またはオープンソースのものを使用することを求めた。

このコンテストは、ミッションをクリアする競技だけではなく、さまざまな賞を設けて、多彩な挑戦を支援しているのも特徴だ。スマートなデザインにこだわったり、ユニークさに焦点を絞ったり、巧みなつくりや操縦を行ったチームを賞するためである。設計コンセプトを表現したポスターに対しても賞を設定した。

多彩になる参加チームと安全への配慮

参加チームは当初は航空工学を掲げる大学学科チームがほとんどであったが、第二回大会以降から、機械工学や精密工学の航空工学科以外のチーム、高専や専門学校のチームの参加が全チームの半数を超え、その割合は増加している。無人航空機は航空工学以外にも、さまざまな専門分野と融合した技術が必要であることから参加の枠が広がっているのは嬉しい限りである。

また、これまでの大会では、韓国、台湾、インドネシアからのチームの参加があった。韓国のＨａｎ教授（ＫＡＩＳＴ）は、学部レベルの飛行コンテストとして最適な企画であると賛同してくださった。インドネシア・バンドン工科大学のＴａｒｉｆ先生は、本大会と同様のルールでインドネシア大会も開催され、数回に渡りチームを参加させておられる。今後は国際交流の意味からも、本格的な国際大会とせねばならない。

飛行ロボットコンテストは、学生を対象としているため、安全性の配慮も重要である。バッテリーの充電や、高速回転のプロペラなど危険な要素も含んでいる。学校での準備作業に関しては顧問の先生を決め、安全管理をお願いすることにした。また、バッテリーの取り扱いに際しては、取り扱い方をホームページ[15]に記載して注意を促し、操縦者は、ラジコン操縦士登録を済ませていることを義務づけた。機体重量に制限を設けたのも安全性の配慮からである。本来、飛行エリアを制限するには、翼面荷重を制限すべきであるが、機体審査を容易にするとともに、墜落時の安全性を確保するために総重量に制限を設けている。また、機体前方には危険な突起物がないよう保護され、非常時には確実に動力を切ることも要求している。操縦装置関係、動力モーター、プロペラなども安全上の観点から、すべて市販品の使用が原則である。

この大会に参加した学生の数千人がすでに社会へと巣立っている。「個人競技ではないため、仲間との連携も要求される。こうした体験は社会でも役に立つ」、「航空コースにいながら、実際に飛行機をつくって飛ばすという経験はなかったので、学校の勉強にもプラスになる」などの反応があるように、彼らがこうした活動で得たものを糧に社会で活躍してくれていると思う。

コラム　魅力あふれる機体の数々

飛行ロボットコンテストの過去一二回の大会を通して、独創的な機体が多数つくられてきた。ここで代表的な機体を紹介しておこう。

①低速性能に特化した機体

床に撒かれた文字の空撮も、お手玉の落下も、低速で飛行できることが重要になる。低速で飛行するためには、第2章で述べたように、翼面荷重を下げ、最大揚力係数を大きくすることが効果的である。

秋田工業高等専門学校のチームは優れた低速性能をもつ機体を代々参加させ好成績を残している。

翼面荷重を下げるためにアスペクト比（翼の縦横比）の小さな大きな翼とし、大きな迎え角をとっても失速しないように、翼上面にボルテックスジェネレーター（流れを剥離させない渦発生のためのフィン）を付け、さらにプロペラ後流を流せるように翼上面の上方にモーターとプロペラを配置していた（図3-17①）。機体の工作も巧みで、その後複葉機に進化し、高迎え角で低速で飛行するとともに、宙返りなど荷重のかかる飛行も見事にこなす、有人の飛行機にはない飛行ロボットらしい機体である（図3-17②）。秋田高専チームは、自動操縦部門にも電子工学科の協力を得てただちに対応していた。

②ユニークな機体

過去一二回の大会では、こんな機体が飛ぶのかというようなユニークな機体が毎回にように参加し、会場を沸かせてきた。図3-17③は、第七回大会に出場した電気通信大学チームのマグヌス効果で揚力を発生する機体である。マグヌス効果は回転する円筒に気流が当たると、垂直方向に揚力が発生する現象で、円筒状の主翼を回転させるモーターを推進プロペラ用のモーターとは別に備えていた。飛行効率は、通常の固定翼機に比べれば悪く、帰還も果たせなかったが飛行が可能なことを実証した点は大いに評価された。

ジャイロコプター型の飛行ロボットもユニークな機体であった。図3-17④は、第四回大会に出場した帝京大学チームの機体である。ジャイロコプターは機体の上部にヘリコプターのようなローターを備えるが、動力はもたず、推進用のプロペラで前進する際に流れ込む気流でローターが自動的に回転し、その回転ローターの揚力で上昇する。ジャイロコプターは有人のマイクロプレーンとしても存在するが、飛行ロボットとして飛行可能な機体を開発した情熱と技能には脱帽である。通常の離陸用滑走路では十分な加速ができず、床を円状に滑走し、加速したあとに飛行することが可能であった。

飛行船は、同じルールで得点を競うので、競技的にはよい成績を残すことは難しく、参加は年々減っているが、電気通信大学チームの魚型飛行船は愛嬌のある動きで毎回会場を沸かせている（図3-17⑤）。推進、上昇降下用のプロペラを備えた飛行船が一般的であるが、このチームは、魚のように胴体両側の「ひれ」を動かし、さらに胴体にくびれを付けて推力を得ている。この動きに得もいわれぬ愛嬌があるのだ。

③垂直離着陸機

ヘリコプターのように垂直上昇ができ、水平に巡航もできる機体は航空機設計者の夢の一つであ

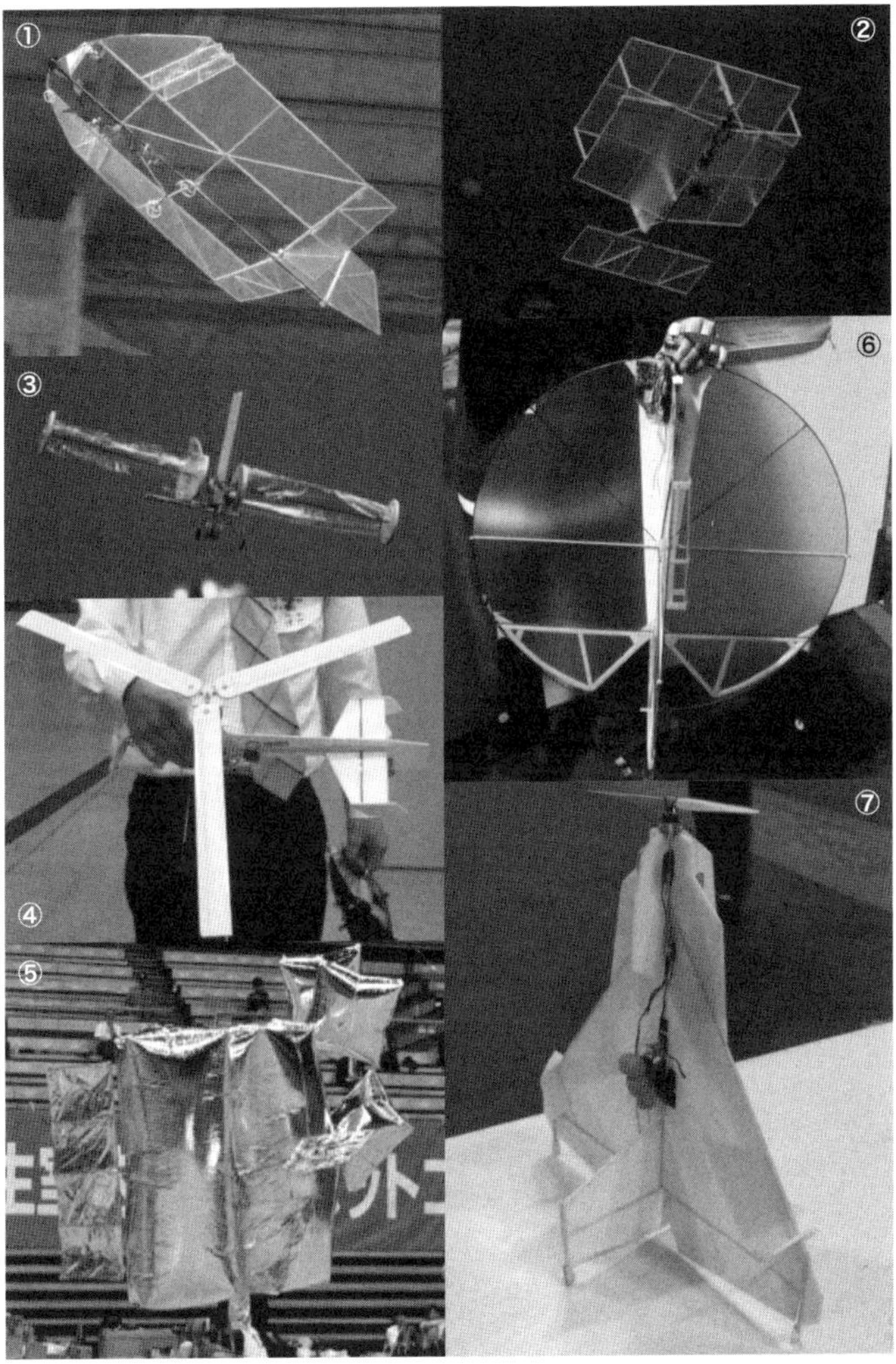

図 3-17　飛行ロボットコンテストに参加した特徴ある機体　① 2008 年の機体。② 2011 年の機体。③ 2011 年参加。④ 2008 年参加。⑤ 2014 年参加。⑥ 2012 年参加。⑦ 2012 年参加。

る。有人機ではジェットエンジンの推力を変更するハリヤーやF－35、左右のローターの向きを変更できるチルトローター機、オスプレイなどしか実用にはなっていない。小型無人航空機では機体が小さいことで推力に余力をもたせることが可能となる。それは二乗三乗則、つまり翼面積（揚力）は寸法の二乗でしか増えないが、自重は三乗で増えるので機体を大型化することは難しいという束縛が逆に作用するからである。図3－17⑥（明石工業高等専門学校チーム）、⑦（東京大学チーム）はこれまで見事な飛行を見せてくれた垂直離着陸機である。

小さな飛行ロボットだからこそ航空工学の常識を超えるような機体が登場できるということは、小型無人航空機ドローンの可能性を広げる意味で貴重である。今後も、ユニークな機体の登場を期待したい。

なおマルチコプターに関しては、第一一回大会から新設したため、まだ参加チームも多くないが、今後はさまざまな可能性に挑戦して欲しい。

ドローンレース

飛行ロボットコンテストは学生の人材養成がメインの目的であるが、純粋にドローンを使

図3-18　ドローンレースの様子　資料：Drone Impact Challenge

った大会として「ドローンレース」が二〇一五年あたりから活発に開催されるようになった（図3-18）。二〇一六年二月にドバイで開催されたドローンレースの世界大会では、一五歳の少年が優勝し、三〇〇〇万円近い賞金を獲得したことが大きく報道された。それほど大規模なレースも行われるようになっている。

こうしたドローンレースはFPV（第2章参照）と呼ばれる特殊な操縦方法を採用している。統一的なレギュレーションは決まっていないのが現状だが、おおむね手のひらサイズの五〇〇グラムのクアッドコプターに無線のカメラを搭載し、機体からの外界画像をゴーグルに映し、パイロットはゴーグルをかけた状態で遠隔操作する。障害物やポールのあるコースを周回し、スピードを競うレースである。国内では画像伝送は五・八ギガヘルツの電波を用いる場合が多く、免許が必要となる。FPVではなく目視でも遠隔操作できるのだが、比較してみると圧倒的にFPVのほうが安定して高速な飛行が可能なようである。

自作の機体を製作することも可能であり、屋内でも屋外でも開催されている。屋外での飛行に関しては航空法の適用も受けるので事前に十分調査する必要がある。観客はネット越しに見ることになるが、LEDを照らして高速で飛行する機体を見るのも楽しい。ラジコン飛行機の競技会よりも手軽でスピード感があることが急速な発展の要因であろう。

第４章
ドローンを安全に利用する
——どのような制度が理想的か

二〇一五年四月に首相官邸屋上で不審なドローンが発見され、ドローンの飛行を規制する制度が導入された。規制を強化するのか、利用を促進するのか、制度面での議論が続いている。

一　安全に利用するためのルールづくり

無人機の法整備が遅れていた日本

二〇一四年、ドローンという言葉はまだ一般的ではなかったが、マルチコプターによる空撮目的での使用が始まっていた時期であった。四月ごろから、無人航空機の産業利用を促進するために団体を設立する話がもち上がった。定款の策定や申請登記など、手間はかかるが、一般社団法人として法人格のある団体として設置することになり、七月に正式に発足した。名称は、一般社団法人日本UAS産業振興協議会（JUIDA）となった。[16]UASは

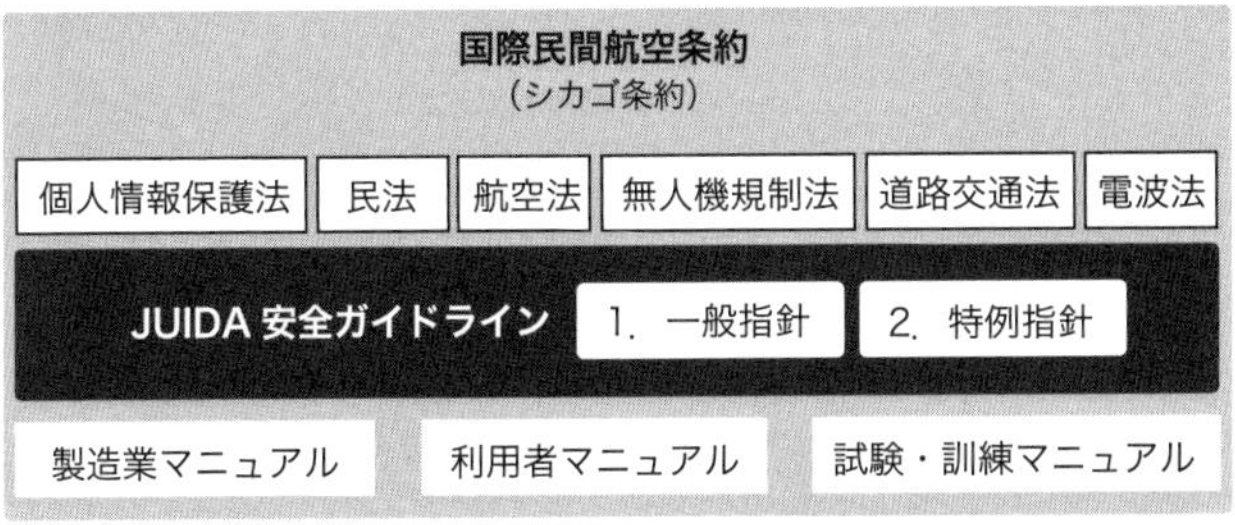

図 4-1　JUIDA 安全ガイドラインの位置づけ

Unmanned Aircraft Systems のことで無人航空機を意味する一般的な呼び名である。初期には無人航空機はＵＡＶ（Unmanned Aerial Vehicle）と呼ばれたが、機体だけではなく地上システムも統合化した呼び方としてＵＡＳが一般的になっているため協議会の名称にも採用した。

設立後、一通り会員の参加もあり、一一月には設立シンポジウムを開催し、当初の活動はセミナー開催による情報共有が主であったが、安全ガイドライン策定に向けての活動も開始した。当時の日本では無人航空機に関する法的な基準がほとんどないのが実情であり、事業者が安全に利用するための自主ガイドラインをつくることが求められた。もちろん、事業者は個々に、安全に無人航空機を飛行させるためのマニュアルは用意しているが、それらは業務に特化した部分があり、共通して利用できる安全ガイドラインの策定をめざした。

海外では当時も、無人航空機は航空機として取り扱われる場合が多く、航空機の基本的なルールは国際民間航空機関（ICAO）で国際的に定められ、ICAOの規定を批准した各国は、さらに国内での法律を規定する。わが国では、基本的には国土交通省で管轄する航空法であるが、電波に関しては総務省の電波法が、航空機の製造に関しては経済産業省の管轄する航空機製造事業法が、騒音など環境問題に関しては環境省の管轄になるなど各省にまたがっている。そして、無人航空機の事業者は個々に使用マニュアルを、目的に応じて設定している。JUIDAの安全ガイドラインは、法律などと民間事業者の使用マニュアルの間に位置するもので、法律などをわかりやすく説明し、無人航空機の利用者が基本的に守るべき自主的なガイドラインとして機能することをめざした。その位置づけは図4－1のように示すことができる。二〇一五年一月から、JUIDA役員、会員有志が集まり、関係省庁からもオブザーバーとして参加する会合を開催し、議論を重ねた。

首相官邸へのドローン落下

国内での無人航空機関係の法整備がないためにJUIDA安全ガイドラインの策定を急いでいたのだが、ある出来事をきっかけに急に法整備が動き出した。二〇一五年四月二二日、首相官邸の屋上に、落下しているドローンが見つかったのだ。しかもそのドローンは黒く塗られ、放射能マークを印刷したシールを貼った容器まで取り付けられていたことから、マスコミで大きく報道された。当日私は東京・日本橋で、ちょうどドローンに関する講演を行っていたのだが、ただちに連絡が入り、夜のニュース番組で解説を行った。翌朝のニュースでも取り上げるというので、その夜は局の近くのホテルでの宿泊となった。日本でドローンがほとんどの方に知られるようになったのは、この出来事によってである。

実は、同年一月二六日に米国ホワイトハウス敷地内で、墜落したドローンが見つかっており、日本でも報道されていた。こうしたニュースに刺激を受けての犯行とも思われた。ホワイトハウスの件は、シークレットサービスの一員が、友人のマンションベランダから遊びで飛ばしたものが操縦不能となり墜落したものであることがのちに判明している。テロなどへの悪用に対する懸念もあったが、オバマ大統領は、農業利用など活用の可能性も高く、より明確なルールの規定を求めるとインタビューで答えている。

米国での反応は比較的冷静といえるが、日本では、首相官邸でのドローンの発見は大きな波紋を呼んだ。あとで説明するが、ホワイトハウスへの墜落事故当時、米国ではドローンの規制に関するルールづくりが進行しており、日本とは状況が少し違っていたのだ。さらに五月九日には、長野市善光寺の御開帳期間中の主要行事である大法要で多くの僧侶らが行列して歩いている最中に、境内の石畳にドローンが墜落する事件が発生した。ドローンの操縦者がネット配信を行っている少年であったことも関係してか、日本ではドローンに対する非難がさらに高まった。

当時の日本では、ドローンに関する明確な法律はなく、たとえていえば、「インターネットで海外から自動車を購入し、運転免許もないのに街中で運転し、事故にあいそうになったが、保険にも入っていなかった」というような状況であった。政府はただちに、内閣官房副長官を議長とする「小型無人機に関する関係府省庁連絡会議」を設置し、ルールの検討を開始した。首相官邸ホームページに記された開催趣旨は

小型の無人機（以下「小型無人機」という。）を利用したテロ等に対する重要施設の警備体制の抜本的強化、小型無人機の運用ルールの策定と活用の在り方、関係法令の見直し等について、関係行政機関相互の緊密な連携・協力を確保し、総合的かつ効果的な推進を図るため、小型無人機に関する関係府省庁連絡会議（以下「連絡会議」という。）を開催する。

である。[17] 注目すべきは、規制の強化と、活用のあり方を同時に検討するという点で、オバマ大統領のコメントと通じている。

無人航空機の国際運航ルール

無人航空機の規則づくりがもっとも進んでいるのは、意外なことに、無人航空機が国際運航をする際のルールである。

ICAO(日本ではイカオやアイカオと発音するが、アイケーオーと呼ばれる場合もある)は民間航空機の世界共通の運用ルールを決める国連の専門機関で、本部はカナダのモントリオールに設置されている。第二次世界大戦の終結間際の一九四四年、戦後の民間航空輸送の発展を見込み、そのルールづくりのためにシカゴ条約(国際民間航空条約)が締結され、一九四七年に正式にICAOが発足した。日本の加入は一九五三年であり、二〇一六年三月時点で一九一か国が締結している。ICAOでは一九の付属書(Annex)により基本的なルールを規定している(表4-1)。航空の安全を確保するためにこれだけのルールが必要であるともいえる。

二〇〇〇年代になると、無人機の軍事利用が一般的となり、大型無人機の民間国際利用へ

表 4-1　ICAO が規定する付属書の一覧

Annex 1 : Personnel Licensing（航空従事者の免許）	Annex 11 : Air Traffic Services（航空交通業務）
Annex 2 : Rules of the Air（航空規則）	Annex 12 : Search and Rescue（捜索及び救難）
Annex 3 : Meteorological Service for International Air Navigation（国際航空のための気象業務）	Annex 13 : Aircraft Accident and Incident Investigation（航空機事故及びインシデント調査）
Annex 4 : Aeronautical Charts（航空図）	Annex 14 : Aerodromes（飛行場）
Annex 5 : Units of Measurement to be Used in Air and Ground Operations（空中及び地上の作業に使用すべき測定単位）	Annex 15 : Aeronautical Information Services（航空情報業務）
Annex 6 : Operation of Aircraft（航空機の運航）	Annex 16 : Environmental Protection（環境保護）
Annex 7 : Aircraft Nationality and Registration Marks（航空機国籍及び登録記号）	Annex 17 : Security（保安）: Safeguarding International Civil Aviation Against Acts of Unlawful Interference
Annex 8 : Airworthiness of Aircraft（航空機の耐空性）	Annex 18 : The Safe Transport of Dangerous Goods by Air（危険物の航空安全輸送）
Annex 9 : Facilitation（出入国簡易化）	Annex 19 : Safety Management（安全管理）
Annex 10 : Aeronautical Telecommunications（航空通信）	

の準備のために運用ルールづくりが求められるようになった。おもな用途はカーゴ便を無人で飛行させると想定された。大型旅客機など、すでに自動飛行は可能になりつつあったが、旅客機ではなく貨物機であればパイロットが機上にいなくても操縦は可能になると考えられていた。

ICAOにおいて二〇〇七年、無人航空システム（UAS）の検討グループUASSGが発足した。ここでは、無人航空機（UAV）ではなく、地上システムも考慮したUASという呼び方がなされた。UASSGは二〇一一年に検討結果を整理した資料（Circular 328）を作成・配布し、二〇一四年にUASSGはパネル

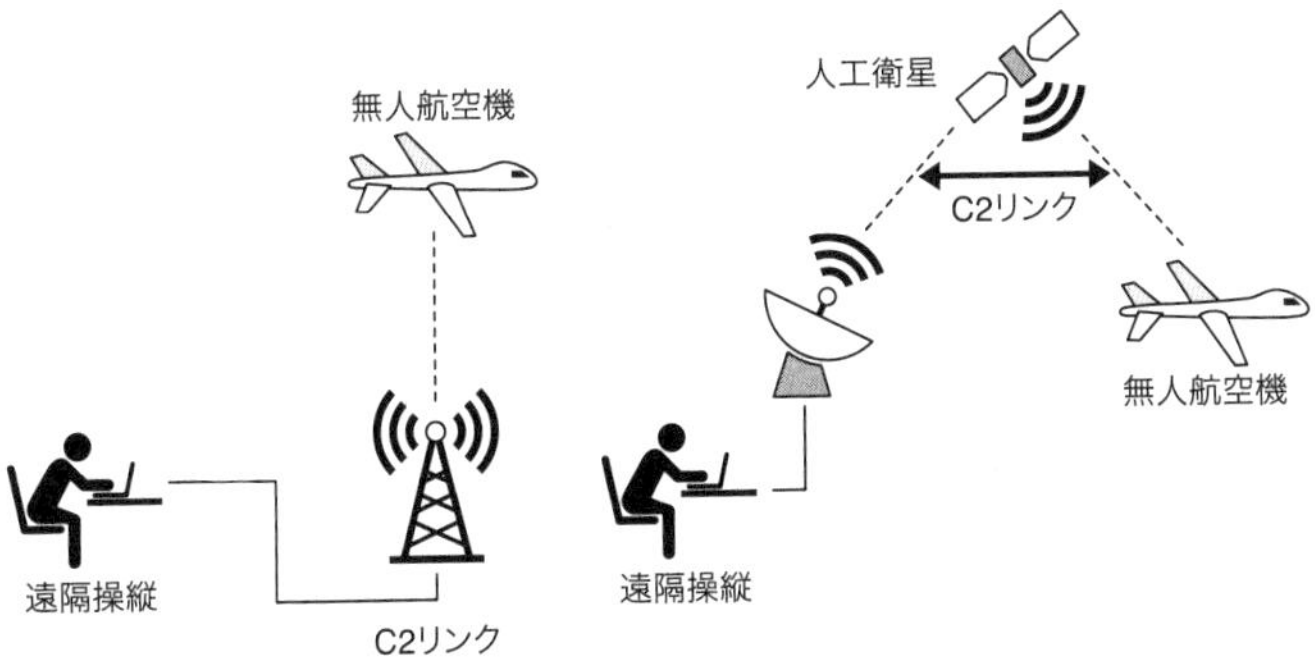

図 4-2　ICAO の無人システムの概念　ICAS RPAS[18]を参考に作成。

へと昇格し、二〇一五年三月に関係付属書（ICAO Annex）を改定するためのガイドラインを発表したのである。その中では、今後の準備計画も公表し、二〇二〇年代に無人機の有人航空路での試験的運用をめざしている。

ＩＣＡＯの検討では、無人機は有人の民間輸送機と同様に航空管制下で運用されることを前提としており、管制官（または管制システム）の指示どおりに地上またはほかの航空機のパイロットにより制御されなければならない。その意味でＩＣＡＯでは無人航空システムを遠隔操縦航空システム（ＲＰＡＳ）と定義している。パイロットは地上または有人機上で無人機を制御するため、無人機と常に無線でつながっている必要がある。電波が届く範囲であればよいが、直接に電波が届かない場合は、衛星回線を利用することになる（図４－２）。電波の調整はやはり国連の専門機関である国際電気通信連合（ＩＴＵ）において検討が開始されている。

電波技術以外の技術的課題の一つとして無人機用衝突防止装置の開発がある。有人輸送機では接近する機体どうしで交信し衝突の危険性を予測し、回避指示をパイロットに伝える空中衝突防止装置（ＴＣＡＳ）が装備されている。管制官の監視のみでは衝突が完全には避けられないからである。無人機ではパイロットは機体から離れて遠隔操作するため緊急に対応できない可能性があり、自動で回避操作する自律性もさらに求められる可能性が高い。

二　各国のドローンルール

米国での無人航空機ルール

ＩＣＡＯのルールは国をまたいで飛行する国際運航無人航空機に関するものであり、国内での無人機の飛行に関するルールは各国に委ねられている。

米国は、軍事用の無人機の開発が進み、民間利用も活発であったが、米国連邦航空局（ＦＡＡ）は、二〇〇七年に無人機の商用飛行を原則禁止した。安全上の確保が十分ではないとの理由であった。これにより米国での無人機の利用は厳しく制限された。米国の大学における研究のための飛行も商用飛行と判断された。研究のために飛行させることが非常に難しくなったと大学の研究者が嘆いていたことが思い出される。ＦＡＡは、こうした研究用の飛行のために、全米六か所〔ノースダコタ商務省、グリフィス国際空港（ニューヨーク）、バージニア工科大学、ネヴァダ州、テキサスＡ＆Ｍ大学、アラスカ大学〕に試験飛行場を設置したが、遠く離れた試験飛行場での飛行は使用料金も課せられ、大学などの研究者からはＦＡＡの規制は研究の遂行を阻害するとの意見書も出されていた。ただし、ホビーでの利用は航空機の運航に影響を与えないことなどのガイドラインの下で認められ、公的な機関での小型無人機の利用は申請を行えば許される状況であった。その後、小型無人機ドローンの世界的な普及もあり、二〇一二年以降ＦＡＡ近代化改革法により利用緩和が検討され、二〇一五年二月に二五キログラム以下のドローンの規制案が公表された。その内容は、高度約一五〇メートル以下、昼間での目視内飛行、第三者の上空を飛行しない、操縦は一六歳以上で筆記試験にパスしなければならないなど限定するものであった。

公的な組織による無人機利用に関しては、免除・承認証明書（ＣＯＡ）と呼ばれる許可をＦＡＡから取得することが必要で、災害時など緊急な利用に対応できるようオンラインにより数時間で取得が可能とされている。通常は、空域の指定、日中の目視内飛行などが要求され、現状、衝突防止の効果的な技術がないため、目視（地上または随行する有人機から）による監視が求められる。商用利用に関しては、FAAが定める規制（Section 333）の免除許可を取得することが必要で、二〇一四年までには数件の許可しか下りなかったが、二〇一五年の五月には不動産や農場の空撮、インフラ点検、動画撮影など四五〇件もの許可が下りていたと報じられ、ドローンの商用利用の需要が確実に増加していることが明確になった。

当初、二〇一五年九月までに発表されるとされていたFAAのドローン使用ルールは、二〇一五年三月に案が発表されてからも検討が進み、二〇一六年六月に最終案が発表され、八月から施行された。そのおもな内容は、

- 商用ドローンの重量は最大五五ポンド（二五キログラム）
- 利用可能な時間は日中のみ、飛行高度は地表から四〇〇フィート（一二二メートル）以下
- 操縦士、または操縦士と連絡体制にあるオブザーバーの目視可能な範囲内
- 操縦士は一六歳以上で、二四か月ごとに米国運輸保安局（TSA）による航空学試験と身元調査に合格する必要がある

であり、より小型、および五五ポンド以上のドローンに対するルールは、今後発表される予

定である。

米国でのドローン登録制度

米国ではドローンの登録制度が二〇一五年一二月二〇日から始まった。FAAは、重量が〇・五五～五五ポンド（概略二五〇グラム～二五キログラム）までのドローンの登録を義務づけたのだ。対象は一三歳以上のホビー用途の利用者であり、当初は無料であったが、現在では五ドルの登録料がかかる。米国では、航空法の規定は業務用利用に限定されていたもののホビー利用者によるトラブルもあり、利用者に責任感を与える目的があったという。一三歳以上という条件も、子どもの利用に制限を与えることになった。

重量二五〇グラム以下のドローンの登録が不要なのは、軽量であるから落下の危険性は少ないとの判断である。その根拠は、FAAの航空ルール制定委員会（ARC）作成の資料[19]に報告されている。客観的な根拠が求められる点が、米国の規則制定には要求されるということがよくわかる例であり、内容を簡単に紹介したい。

最初に求めるのはドローン落下時の衝撃エネルギーである。衝撃エネルギーは落下時の運動エネルギーであるから落下速度を見積もる必要がある。十分に高度があれば、落下速度は重力と落下時の空気抵抗が釣り合うことから求められる。重量二五〇グラムのドローンは落下速度が秒速二五メートルとなり、落下による衝撃エネルギーは約八〇ジュールとなる。頭上に落下した際の衝撃エネルギーと致死率の関係は、構造物の破片による危険性の評価などで研究されており、八〇ジュールの衝撃エネルギーによる致死率は約三〇%と見積もられている。衝撃エネルギーは、たとえば野球ボールでは一二七ジュール、ゴルフボールでは一三〇ジュールと算出され、これが頭上に落下した際の致死率は五〇〜六〇%になる。

さらに、ドローンの一回の飛行時間当たりの致死人を算出するために、「飛行時間当たりの故障率」「落下エリアの人口密度」「投影面積」「曝露確率」「致死率」の積を求めている。「投影面積」はドローンの落下面積とするために上から見たドローンの面積とする。故障率を一〇〇時間に一回、人口密度を一平方キロメートル当たり三九〇〇人、投影面積を〇・〇二平方メートルとし、曝露確率は人が屋外にいる確率として〇・三を、致死率は先ほどの〇・三を利用すると、二五〇グラムのドローンの事故による死亡者は二一三〇万飛行時間当たり一名と見積もられる。一般的な軽飛行機の飛行事故による死亡者は二万飛行時間当たり一名であり、二五〇グラムのドローンによる死亡事故確率は十分に低いと評価された。こうした単純な算出であるが、登録制度の対象となるドローンの重量を決める際の根拠としている点は注目すべきである。

欧州の動向

英国やフランスではドローンの規則づくりを世界に先駆けて推進している。欧州での規則づくりは米国よりも細かく、機体重量や飛行方式によって分類しているのが特徴である。そこでの基本的な方針は、リスクに応じて規則を制定するということである。

ここでリスクとは、「ディペンダビリティ（信頼性）用語」（JIS Z8115：2000）によると、「危害発生の確からしさと危害の厳しさの一つの組合せ」を意味する。小型無人航空機では墜落の確率と、その際の被害の大きさを考慮して安全制度のあり方を検討する必要がある。

欧州安全航空局（EASA）は二〇一五年九月に、小型無人航空機の欧州共通となる安全制度を、リスクをもとに三種類に分類することを提案している。[20] 非人口密集地で軽量の無人機を飛行させるようなリスクの低い飛行をOPENと定義し、業界が中心となり基準を制定することを提案している。また、同じ小型の無人航空機でも市街地のような人口密集地を飛行させる場合は、中程度のリスクがあるとしてSPECIFICと定義し、運用者のリスクアセスメントを各国の航空当局が承認する方式を提案している。もっとも大きなリスクは、重量級

表 4-2　CAA による小型無人航空機の分類

航空機質量	耐空証明	機体登録	飛行許可	操縦資格
20 kg 以下	不要	不要	必要*1	必要*1, 2
20〜150 kg	必要*3	必要*2	必要	必要*2
150 kg 以上	EASA、一部は CAA の承認*3	必要	必要	必要*2

＊1　商用飛行、または人口密集地域や人・物の近くを飛行の際。

＊2　飛行許可申請時に操縦者の経験が考慮される。

＊3　耐空証明、機体登録要件から例外適用の可能性あり。

の無人航空機を飛行させる場合で、CERTIFIED と定義し、有人航空機に相当する安全制度を各国の航空当局が制定することを提案している。

ＥＡＳＡが提案する制度の詳細は今後さらに検討されるが、たとえば英国民間航空局（ＣＡＡ）では表４－２のように小型無人航空機を分類している[21]。

ＣＡＡはリスク評価に関して、機体重量、飛行方式、飛行空域を複合的に考慮して図４－３のように、Ａ、拡張Ａ、Ｂ、Ｃのレベルにリスクを分類する方法も提案している。

フランスの航空当局も、リスクに応じた飛行基準を独自に設けており、S1からS4の四つのシナリオに分けて規則を定めている[22]（表４－３）。無人機を業務用に使用する際にどのシナリオで使用するか、事前に承認を得ることが求められている。また、操縦者は免許を取得する必要がある。

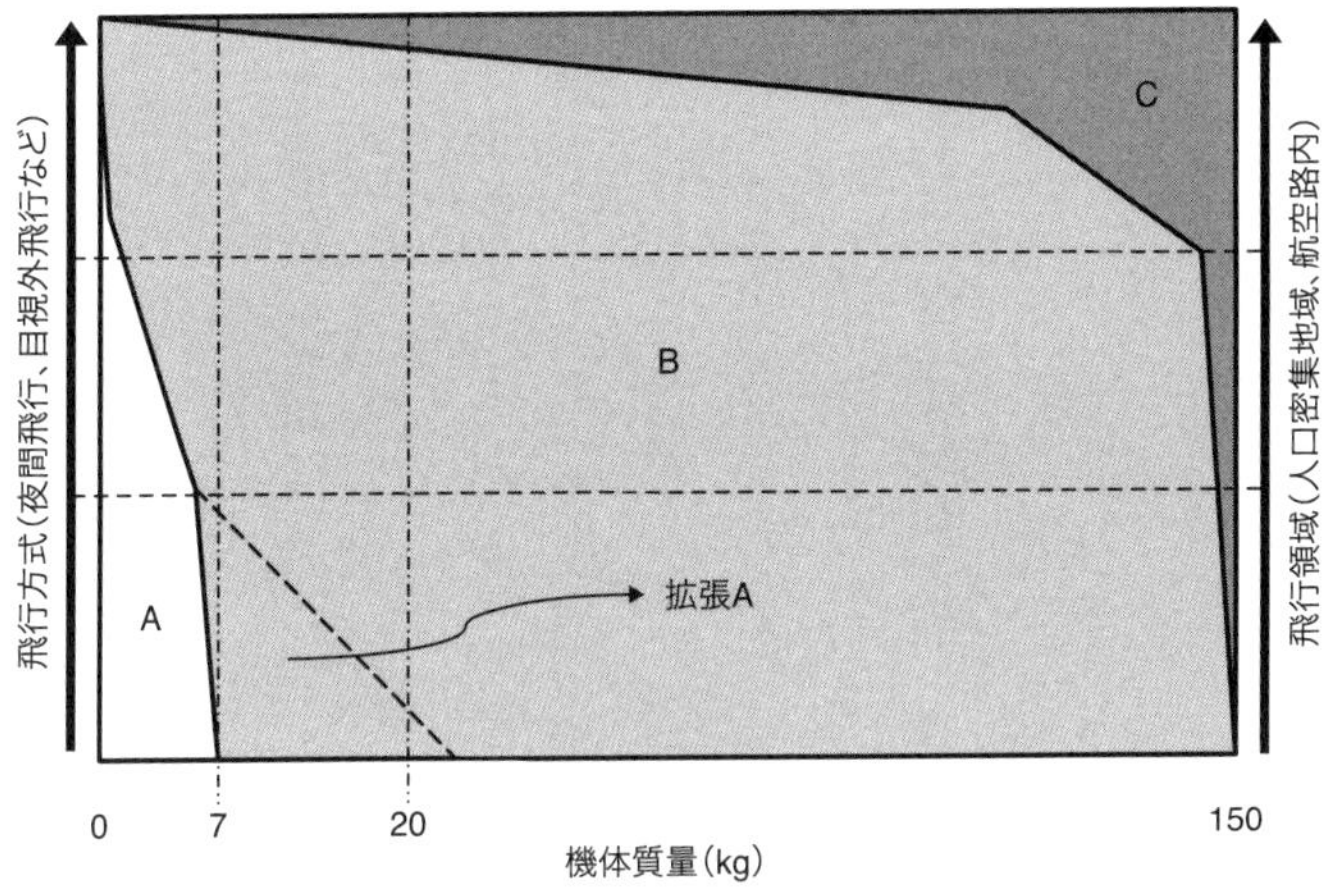

図 4-3　CAA による無人航空機の飛行リスクの分類案

表 4-3　フランスの航空当局が定める規則

人口集中地区外	有視界外	S2	飛行ゾーンに第三者が立ち入らない、パイロットから水平1000 m以内、2 kg 以上の機体は高度 50 m以内の飛行に限る。どの重さでも型式証明要。
		S4	S1・2 以外のシナリオ。重量 2 kg 以下、撮影や監視などの用途に限る。どの重さでも型式証明要。（人の集まりから水平 50 m以内一通常高度 150 m 以内）
	内	S1	第三者の上空を飛行しない、パイロットから水平 200 m以内の飛行に限る。重量 25 kg 以上の場合は型式証明要。
内		S3	第三者の上空を飛行しない、重量 8 kg 以下、パイロットから水平 100 m以内の飛行に限る。重量 2 kg 以上は型式証明要。

三　日本でのドローンルール

改正された航空法

先に述べたように、ＪＵＩＤＡではドローンの安全ガイドラインの策定を進め、二〇一五年七月に発表したのだが、同年四月にドローンが首相官邸屋上で発見されたのを契機に、政府内でドローンの安全性に関する議論が高まり、二〇一五年九月に航空法が改正され小型無人航空機に関する制度が新たに制定された。

従来の航空法では、小型無人航空機は航空機の分類には所属しなかったが、有人の航空機を無人で（遠隔操作で）飛行させる場合の規定があり、航空法第八七条（無操縦者航空機）において、「操縦者が乗り組まないで飛行することができる装置を有する航空機は、国土交通大臣の許可」により飛行が認められ、大型飛行船の遠隔操作などが可能であった。それ以外は、航空法第九九条の二（飛行に影響を及ぼす恐れのある行為）において、無人航空機などを飛行する際の規定が定められていた。具体的には、空港近く、または高度一五〇メートル（航空管制空域など以外では二五〇メートル）以上を飛行させる場合には国土交通大臣に

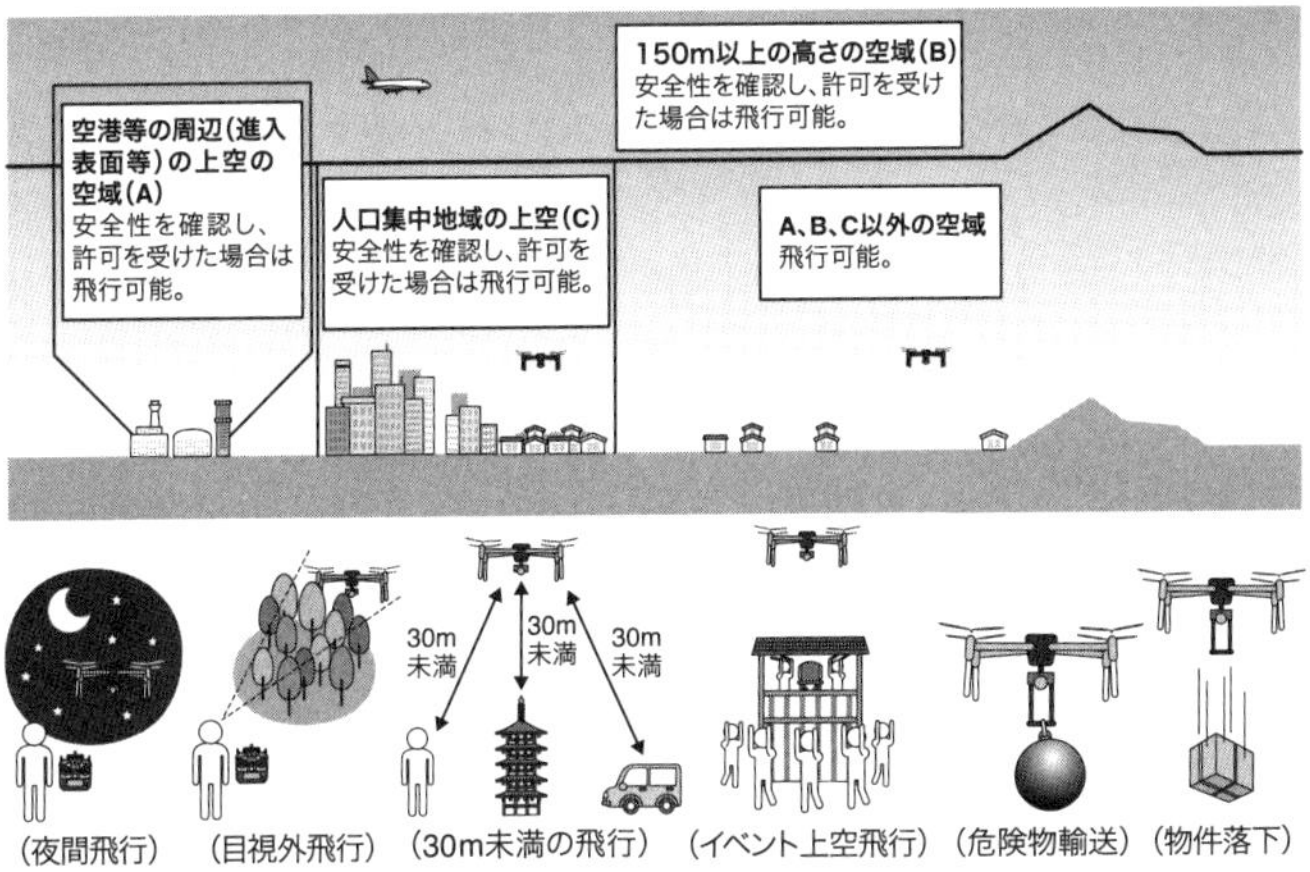

図 4-4　無人航空機の飛行禁止空域（上）と飛行方法（下）　無人航空機を空港等の周辺、人口集中地域の上空、高度 150 m 以上の空域を飛行させる場合には国土交通大臣の許可を受ける必要がある。承認が必要でない場合も、下図のような飛行をさせる場合は、国土交通大臣の承認を受ける必要がある。国土交通省航空局のホームページ[23]を参考に作成。

通報が必要とされた。

改正航空法においては、第九章「無人航空機」が新たに定められ、第一三二条において、「飛行の禁止空域」が、第一三二条の二において「飛行の方法」が規定された。くわしくは、国土交通省航空局のホームページを参照されたいが、図4-4のように説明されている。

図4-4上において、人口集中地域（DID）とは一平方キロメートル当たり四〇〇〇人以上の人口密度を基準に、国勢調査により算出された地区である。さらに、第一三二条の三において「捜索、救助等のための特例」が規

定され、公的機関が捜索、救急などの緊急時に無人航空機を使用する際には上記は適用されないとしている。なお、附則として、「技術の進歩の状況、無人航空機の利用の多様化の状況その他の事情を勘案」するとされている。

従来、わが国では農薬散布に無人ヘリコプターが使用されている実績がある。これは、一般社団法人農林水産航空協会が規定を定めていたが、航空法の改正により農薬散布用無人機も航空法の規定を受けることになった。

なお、航空法では「無人航空機」は、

航空の用に供することができる飛行機、回転翼航空機、滑空機、飛行船その他政令で定める機器であって構造上人が乗ることができないもののうち、遠隔操作又は自動操縦（プログラムにより自動的に操縦を行うことをいう。）により飛行させることができるもの（その重量その他の事由を勘案してその飛行により航空機の航行の安全並びに地上及び水上の人及び物件の安全が損なわれるおそれがないものとして国土交通省令で定めるものを除く。）をいう。

と規定され、具体的な重量までは明記されていない。航空局のガイドラインでは、「重量（機体本体の重量とバッテリーの重量の合計）二〇〇グラム未満のものは、無人航空機ではなく『模型航空機』に分類される」としている。

官民協議会での検討

航空法の改正は二〇一五年九月に公布され一二月に施行となったが、その間の一一月に安倍総理は、官民対話の席上、「早ければ三年以内に小型無人機（ドローン）を使った荷物配送を可能にする」と述べ、官民協議会の設立を表明した。

総理の声明を受け、官民協議会が一二月に設置された。内閣官房内閣審議官が議長となり、官側からは、議長を含め関係省庁から一七名、民側からは無人機団体、航空関係団体、企業、研究機関など三五名により議論が開始された。私もＪＵＩＤＡ理事長として参加した。二〇一六年七月までに五回開催のほか、小型無人機のさらなる安全確保のための制度設計に関する分科会が同時期に六回開催された。

官民協議会では、新たな制度の方向性の議論と、技術および制度の将来計画の議論が行われた。航空法の改正は、いわば緊急措置として無人航空機の飛行空域と飛行方法が決められたといえる。さらに、操縦者の資格、機体の審査・登録および点検、保険制度など詳細な規定が実際には求められる。自動車を考えると、運転者には運転免許が必要となり、登録後も車検による定期的な点検整備が求められ、さまざまな保険制度が完備されている。また、どこを走ってもよいわけではなく、道路が整備され、速度規制、通行方向の指定、信号の設置、高速道路など専用道路の整備など、走行環境も整えられている。無人航空機ではどのような制度設計が必要かを議論する必要があった。また、無人航空機は技術の進化も急であり、開発目標を示すことも重要であった。

二〇一六年七月に公表された中間報告において、制度設計の方向性が以下のように示された[17]。

（1）制度の柔軟性：ドローンの技術進歩は急であり、現在は想定できないような使われ方も考えられる。そのため、制度は状況に合わせて柔軟に設計すべき。

（2）技術革新の促進：実証実験などの取り組みに柔軟に対応し、技術革新の促進に配慮する。

（3）安全性の総合的判断：安全性の確保のために特定の技術や方法を要求するのではなく、さまざまな取り組みを総合的に判断する。

（4）合理的な規制：民間企業や民間団体の自主的な取り組みをめざすべき。
技術や制度の目標を示すロードマップも同時に公開された。二〇一八年までに目視内飛行（レベル2）を、二〇二〇年までに無人地帯（人口集中地域ではない過疎地など）での目視外飛行（レベル3）を、二〇二〇年以降は有人地帯（人口集中地域）での目視外飛行（レベル4）を目標として設定した。

技術の発展を阻害しない制度の必要性

新しい技術を社会に導入するためには、技術開発と同時に制度設計が重要となる。無人航空機だけではなく、自動運転車両でも同様な議論が起きている。歴史的にも、制度設計が技術の発達を阻害した例と、発展させた例を見ることができる。

①英国の赤旗法の失敗[24]

一九世紀後半の英国において、蒸気自動車は馬車の馬を驚かせるなど危険であるとして、厳しい法律が制定された。一八六一年の Locomotive on Highway Act では最高速度を時速一六キロメートルに制限し、一八六五年にはさらに厳しく市街地では時速三・二キロメートル、郊外でも六・四キロメートルに制限し、車の前方に日中は赤い旗を、夜間は手提げランプをもって人を歩かせることを義務づけた。通称「赤旗法」と呼ばれるこの法律により、英国での自動車の普及は遅れ、自動車産業が欧州大陸の他国に遅れを取る要因になったと指摘されている。その後、一九〇三年にMotor Car Act 1903が制定され、自動車の登録、運転免許制度が導入されると同時に、最高速度が時速二〇マイル（三二キロメートル）に引き上げられ、ようやく英国における自動車の普及が進んだ。

②成功した米国の郵便航空[25]

もちろん、政策的な振興策が効果をもたらした事例もある。米国の航空輸送事業の発達がそれだ。第一次世界大戦後に利用が可能となった航空機は、戦争で鉄道網が破壊された欧州において航空輸送での利用が始まった。米国は戦場にはならず、鉄道網も整備されつつあり、欧州に比べて航空輸送網の整備は遅れていた。しかし、有力な産業として期待されていた航空機産業を育成するため、米国では政府事業としての郵便輸送により航空機の利用を促進させる政策がとられた。当時は、曲技飛行の見世物としてしか航空機の民間利用を見いだせなかったからだ。一九一八年にニューヨークとワシントン間の郵便輸送から始まり、一九二〇年にはニューヨークからサンフランシスコまでの大陸横断空路も開設された。郵政省の事業は着々と拡大され、一九二四年には夜間に光を放つ照明標識が空路に整備された。

航空郵便輸送が発達するにつれ、その事業を民間に移行すべきとする声が、とくに鉄道郵便から起きた。その結果、一九二五年、航空郵便輸送事業が「ケリー法」に基づく入札によって契約されることになった。ただし、大陸横断空路は郵政省が運営する方式が残ったため、民間会社の郵便輸送への参入は、ローカルな支線に限られた。郵便輸送は政府からの手数料が入る「うまみ」があり、次第に旅客輸送も始まっていった。大小乱立した米国の航空輸送業者がビッグ4（イースタン航空、トランス・ワールド航空、ユナイテッド航空、アメリカン航空）に統合されたのは、一九二九年にフーバー大統領の下で郵政長官に就任したウォルター・フォルジャー・ブラウンの采配によるところが大きい。彼は航空輸送の成長は、航空産業に活力を与え、国防力の強化にもつながると判断した。そのため、乱立した輸送会社が大手に集約されるような「しかけ」をつくった。郵便輸送の手数料は郵便の重量によって支払われていたが、ブラウンは航空機の輸送能力に応じて支払う方法に変更したのだ。これは、大型の航空機を所有する大手航空会社が有利となる方式であった。一九三〇年に制定された「マクナリー＝ウォトレス法」である。小さな航空輸送会社は急速に統合されていった。

ドローンは落下の危険性を必要以上に警戒すれば赤旗法のようになるのは明らかであり、その利用を促進するためには、米国が郵便輸送に航空機を活用したように公的な利用への道を開拓し、利用を国が率先して推進するといった政策が求められる。米国の郵便輸送に関しても、当初は安全性が確立されておらず、米国郵政省で働いていたパイロット四〇名のうち、三一名が事業運航中に事故で亡くなっている。一九二一年に郵政省副長官に就任したコル・オショーネシーは、安全性向上のための輸送事業の見直しと、パイロットの社会的地位向上に貢献した。それまでのパイロットは「空の冒険家」としか見られていなかったが、社会的ステータスを与えられ、安全性向上にも貢献した。当時のパイロットであったチャールズ・リンドバーグも、一九二二年に曲技飛行のパイロットとなり、一九二四年には米国陸軍航空隊で飛行士として訓練を始め、ライン・セントルイスの民間航空便パイロットとして働いた。彼が大西洋単独横断飛行に成功したのは一九二七年であった。

コル・オショーネシーは就任一年後に事故で死亡したが、その業績は引き継がれ、一九二三年には夜間飛行も可能となり、民間事業として成立するまでに成長した。利用とともに安全性の向上策を整備するという取り組みが行われたのであった。こうした取り組みにより一九三〇年代の旅客輸送が本格化した。

こうした視点からも、官民協議会の中間報告では、ドローンの制度設計は、安全は当然のことながら重視しなければならないが、技術の発展を促進させるような柔軟性をもたねばならないとした点は評価したい。さらには、国や自治体が積極的に利用することで民間事業を育成するという姿勢を求めたい。米国での郵便輸送の歴史は大いに参考になると考える。

第 5 章
ドローンを安全に飛行させる

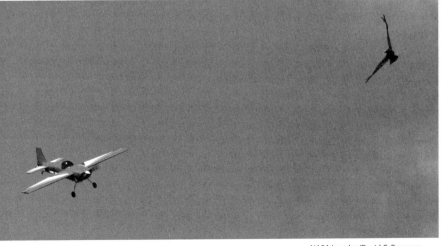

NASA Langley/David C. Bowman

ドローンを安全に飛行させるには民間旅客機のような徹底的な安全管理が必要であるが、その確立には長い時間がかかる。緊急に必要なことから取り組まねばならない。安全に飛行させる技能と知識の普及が第一であり、電波や飛行計画の管理で混信や衝突を防ぐことが次に求められる。

一　ドローンを飛ばすための操縦士制度

日本の認定スクール

自動車を運転するためには教習所に通い、運転免許を取得する。ドローンが普及するに従いドローンのための教習所を求める声が高まってきた。従来の模型飛行機（ラジコン機）は、街の模型店のクラブに入り機体を紹介してもらい、整備の仕方の手ほどきを受け、クラブが保有管理する飛行場で練習するというシステムができ上がっていた。ただ、ドローンはイン

表 5-1　JUIDA 認定スクールで学ぶ内容

JUIDA 操縦技能証明証	**座学教習** ・UAS 概論 ・法律・ルール ・自然科学 ・無人航空機技術 ・運用	**実技講習** ・日常整備、点検 ・手動操縦 ・自動操縦
JUIDA 安全運航管理者証明証	**座学教習** ・安全運航管理 ・リスクアセスメントなど	

ターネットで買えるし、飛ばすのもそれほど難しくなさそうだ、ということで、空き地で飛ばしたとたんに風に飛ばされて行方不明になるといった事故が起きていた。ドローンの安全性を高める第一歩は、正しい使い方を学び、飛行の技能を習得させることであった。

ＪＵＩＤＡへも、複数の法人会員からドローンのためのスクールを開設したいという相談が寄せられるようになった。二〇一五年の夏ごろで、ちょうどＪＵＩＤＡ安全ガイドラインを発表したころであった。

欧米では、ドローンを業務用で使用するためには航空機の操縦ライセンスを求める例が多い。本格的な飛行機でなくとも、グライダーやウルトラライト機の操縦ができることでも可能な場合もあるが、日本ではさすがに航空機の操縦ライセンスをもつ人は限られており、新たな制度が求められた。そこでＪＵＩＤＡ教育制度委員会を発足させた。わが国でも、ラジコン模型飛行機に関しては一般財団法人ラジコン電波安全協会によるラジコンインストラクター制度、農薬散布用のラジコンヘリに関しては、一般社団法人農林水産航空協会による研修・認定制度があり、ドローンメーカーは独自にトレーニングを行っているが、業務用を含む一般のドローンユーザーを対象にした教育制度は存在しなかった。

ＪＵＩＤＡで最初に取り組んだのは、認定スクール制度の設計である（表5－1）。これは、ＪＵＩＤＡ会員である法人組織が教習所を開設し、それぞれの教習所をＪＵＩＤＡが認定、ＪＵＩＤＡが定める科目を終了した操縦士に「操縦技能証明証」を発行する。さらに、飛行業務の経験を有する人を対象として、「安全運航管理者証明証」を交付するというものだ。両証明書を得るためにはＪＵＩＤＡ準会員以上の会員となり、ドローンの安全な利用を広め、産業育成に貢献することが期待される。

ＪＵＩＤＡ認定スクールの特徴は、基本的な教材を標準化し、教育環境・方法を認定することで、各スクールの品質を保証し、そのうえで、スクールの特徴を明確にできる点である。ドローンの利用法は各種あり、撮影、測量などの目的に応じてスクールを選ぶことができるように配慮している。

操縦技能に関しては、無人航空機の飛行申請に求められる「無人航空機を飛行させる者の飛行経歴、知識及び能力」に関して以下の座学を行うとともに、基本的な操縦技能のトレーニングを行い、それらを満たす者に証明証を発行する。

①無人航空機の歴史、種類、飛行原理、用途、市場などの無人航空機概論

②航空法、電波法、道路交通法、民法などの関連法規・安全ガイドライン、自然科学など

③無人航空機（主として小型マルチコプター）の基本的な機体構造、部品および整備など安全運航管理に関しては、無人航空機の安全運航管理に関する基本知識とリスクアセスメントを受講し、それらを習得した者に証明証を発行する。

ＪＵＩＤＡ認定スクールは、二〇一五年度に第一号の認定スクールとして、双葉電子工業株式会社、学校法人日本航空学園、デジタルハリウッドロボティクスアカデミー、ＮＥＣフィールディング株式会社、五光物流株式会社、サイトテック株式会社、日本ＤＭＣ株式会社の七法人からスタートし、二〇一六年一一月一一日時点で、全国三八スクールに広がっている。ＪＵＩＤＡでは講師の認定・登録制度も同時にスタートし、ドローンの教育制度の充実を図っている。

米国の無人航空機試験

米国における規則は第4章で紹介したとおりだが、操縦者は米国の六九六の試験センターで実施される航空知識試験に合格することが求められている。その内容は表5－2のようなものである。

航空知識試験は従来から航空機操縦ライセンスを取得する際に必要なもので、三択問題で七〇％の正解で合格となっていた。最近は、オンライン化され出題や採点の方法も変わっているようである。小型無人航空機用の試験は、遠隔操作の二五キログラム以下の小型無人航空機用に改修されたものと考えられ、受験資格は一六歳以上である。日本ではこのような、国が実施する無人航空機用の資格試験は現状存在しないため、先に述べたスクールが必要な知識を習得するために機能している。

表5-2　米国で実施されている航空知識試験の内容

①規則 タスクA：概要 タスクB：運用ルール タスクC：遠隔操縦パイロット承認 タスクD：権利放棄 ②空域の定義と運用要件 タスクA：空域のクラス分け タスクB：空域運用の要件 ③気象 タスクA：気象情報の入手先 タスクB：性能に対する天候の影響	④荷重と操作 タスクA：荷重と操作 ⑤操作 タスクA：無線 タスクB：空港の役割 タスクC：緊急時の手順 タスクD：飛行における意思決定 タスクE：生理学 タスクF：整備と検査手順

二　ドローンの飛行申請

申請方法

日本では改正航空法の施行により、人口集中地域での無人航空機の飛行や、夜間における飛行など国土交通大臣の許可が必要な場合には、新たに飛行申請が必要になった。くわしくは国土交通省のホームページに申請方法が記載されているが、基本的には下記の情報を記載することになる。

（1）操縦能力：操縦者が安全な飛行が可能であることを申請する。具体的には一〇時間以上の飛行経験があり、民間の飛行ライセンスを取得している場合はそれも提出できる。

（2）機体の安全性：飛行させようとする機体が安全な飛行が可能であることを申請する。国土交通省が認めている機体以外は詳細な機体の説明が必要である。

（3）飛行させる場所と時間

（4）安全な飛行を行うためのマニュアルの提出

（5）許可が必要になる飛行空域や飛行方式に関して、安全を確保できる手段の説明：たとえば夜間飛行であれば、機体の位置を確認できる灯火の設置方法を示す必要がある。

私の研究室では、学内の敷地内で飛行試験を行っていたが、東京大学本郷キャンパスは人口集中地域内にあるので、使用する場合には、申請が必要になる。道路交通法とは異なり、敷地内の空き地であろうと規制の対象となるからだ。申請は、研究や業務用の飛行以外にも個人の趣味の飛行に関しても必要である。ラジコンクラブの飛行場が人口集中地域にあったり、人口集中地域外でも一五〇メートル以上の高度を飛行させる場合などには申請しなくてはならない。なお、航空法は空の飛行に関する法律なので室内の飛行に関しては適用されない。ただし、室内ではGPSの信号を捕獲できないため、GPSを利用した飛行はできない。GPSが利用できるようにネットで囲んだ屋外の飛行場が準備される場合もある。

実際に、二〇一五年一二月以降、申請が国土交通省航空局に大量に寄せられた。官民協議会の分科会で公表された資料[26]によると、施行後の六か月間で、本省及び空港事務所を合わせて四九六二件の申請があり、三六三二件の許可・承認を行ったという。本省への申請は、人口集中地域、人や物から三〇メートル以内の飛行が多く、空港事務局への申請では一五〇メ

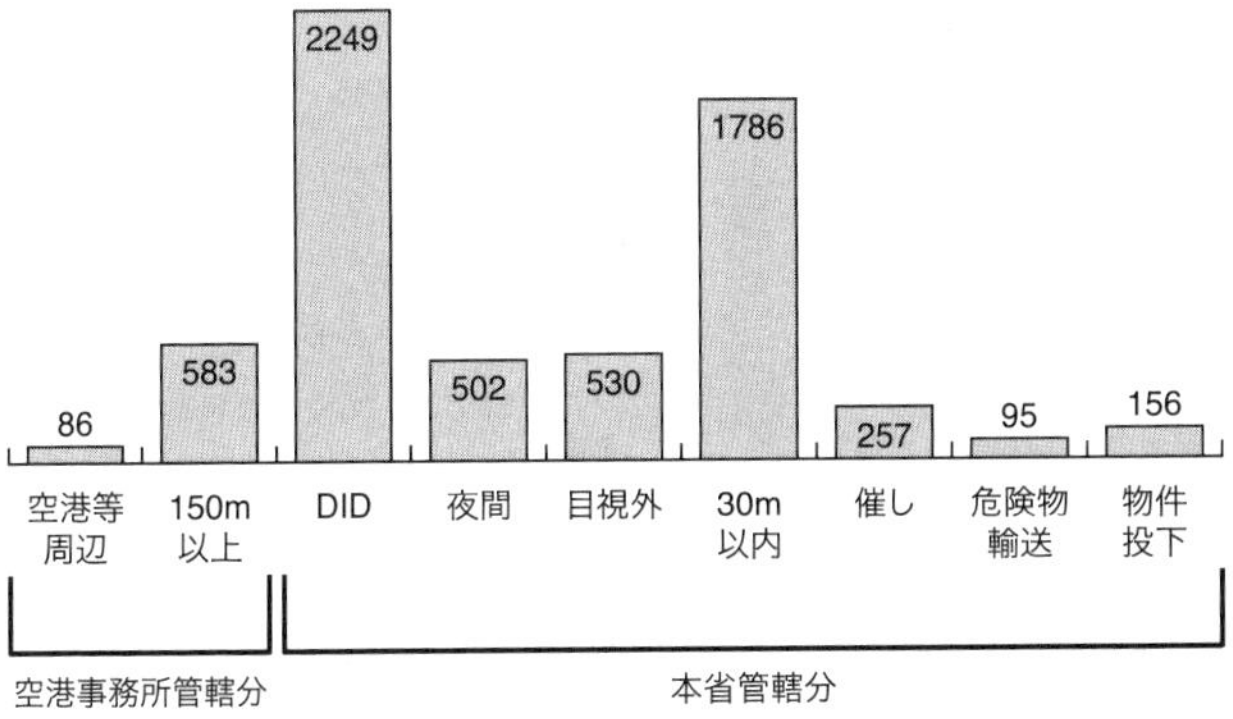

図 5-1　項目別許可承認件数　平成 28 年 5 月 9 日時点。国土交通省航空局の資料[26]より作成。

ートル以上の飛行が項目的には多い（図5－1）。国土交通省は保険への加入を推奨しており、申請の九六％は保険に加入していたという。

飛行目的と事故の発生状況

公表された目的別の承認状況によると、ほとんどが空撮であるが、一五〇メートル以上の申請は、趣味がトップである（図5－2）。危険物輸送と、物件投下で農林水産がトップにあるのは農薬散布のためである。そのほかに特徴的なのは、夜間の申請において、報道取材、事故・災害対応が二位、三位にあり、事故や災害では急を要するため、夜間の飛行申請が多いものと判断される。

同報告には、事故の報告内容も記載されている（図5－3）。申請の際に、事故があった場合は報告

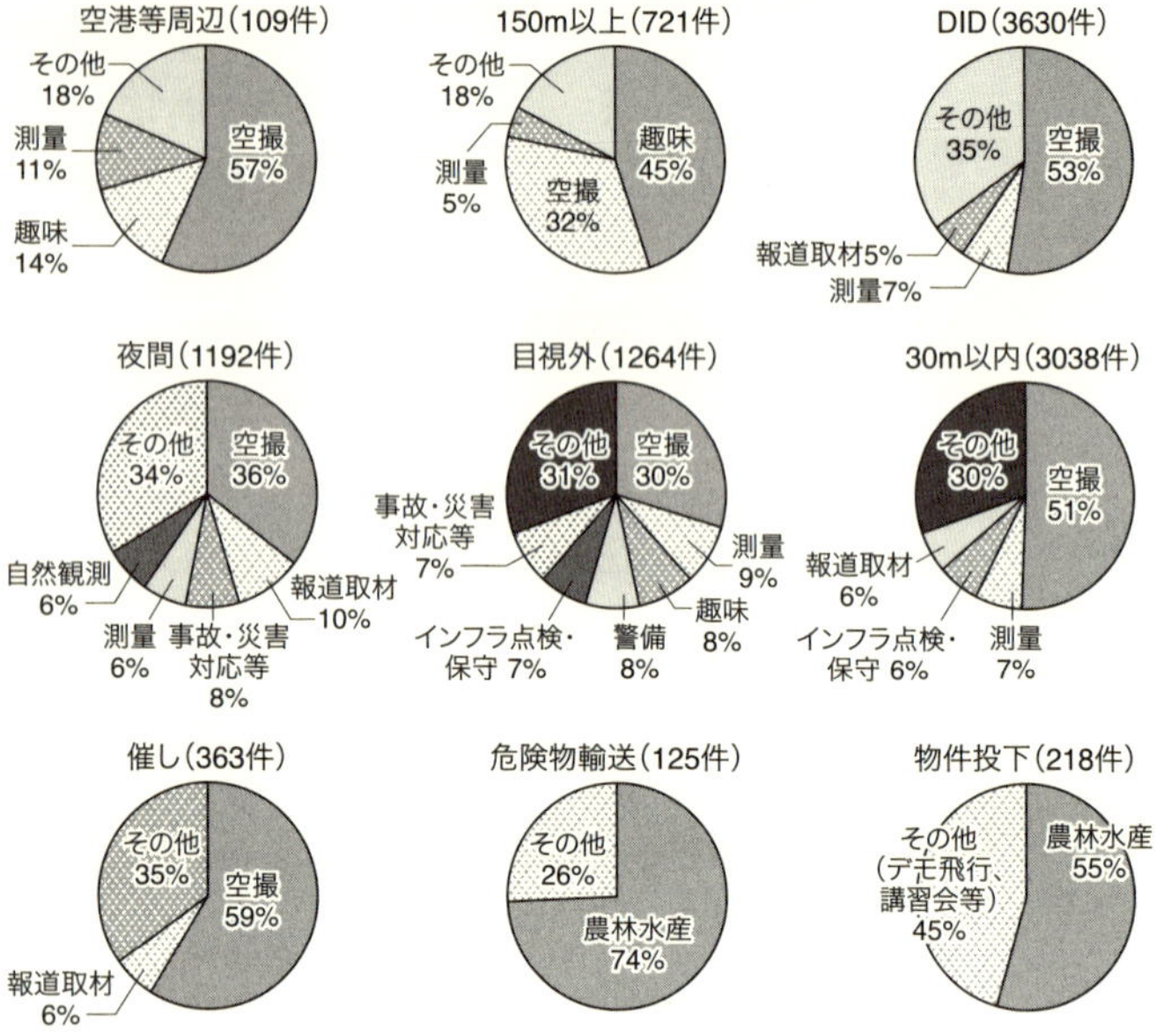

図 5-2　目的別許可・承認状況　平成 28 年 5 月 9 日時点。国土交通省航空局の資料[26]より作成。

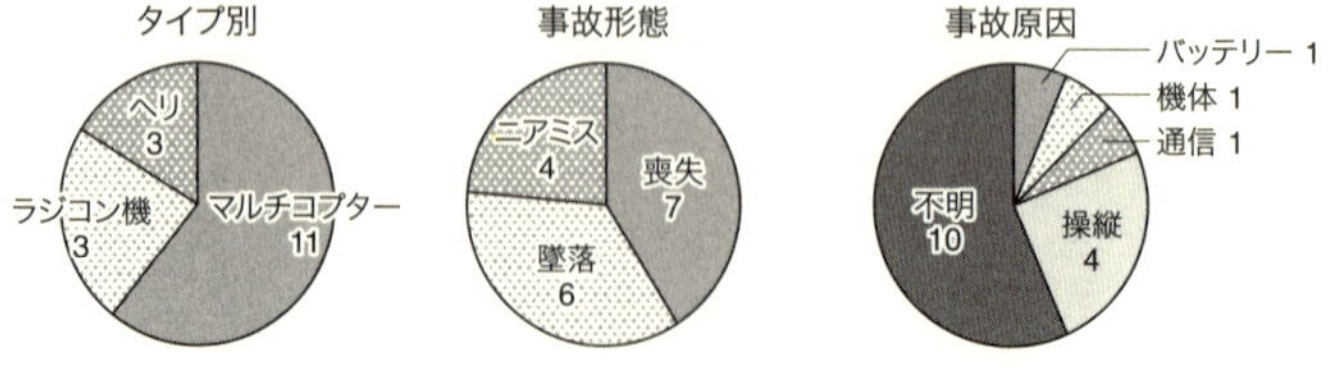

図 5-3　報告のあった事故 17 件の内訳　平成 28 年 5 月 9 日時点。国土交通省航空局の資料[26]をもとに作成。

を求められるからである。事故件数自体は一七件と少ないので、統計的な処理はあまり意味がないが、私が整理したものを円グラフで示す。タイプ別ではマルチコプターの件数自体が多いこともあり事故件数も多い。事故形態は、喪失、墜落が多く、異常接近（ニアミス）も四件報告されている。四件とも有人ヘリとのニアミスであり、三件はラジコン機、一件はマルチコプターであった。小型無人航空機は一五〇メートル以下という飛行機が通常飛行しない空域を飛行するが、ラジコン機で一五〇メートル以上の申請を得て飛ばしている場合があり、有人ヘリも緊急着陸や送電線点検など低高度を飛行する場合があるため、ニアミスが発生している。

なお、国交省は申請の際の参考になるように、安全対策の事例も紹介している（表5-3）。

三　航空機の航空管制

航空管制とは

航空機の空中衝突は悲惨な惨事を招くため絶対に避けねばならない。航空機だけの話ではなく、自動車、列車、船など、すべての乗り物は衝突や追突を防ぐための独自のルールを構

表 5-3　許可・承認の安全対策事例

許可・承認事項	飛行目的	機体	操縦者	運航体制
空港等周辺や地表又は水面から 150 m 以上の飛行	趣味、空撮、測量等	・灯火の装備 ・機体に塗色	—	・空港事務所等と常に連絡がとれる体制の確保
DID 上空の飛行、人又は物件から 30 m 以上確保できない飛行、催し場所上空の飛行	空撮、測量等	・プロペラガードの装備	・意図した経路を維持しながら飛行できる程度の飛行経験	・ケーブルの装着 ・監視員の周囲への周知 ・コーンやロープの設置
夜間飛行	空撮、事故・災害対応等、報道取材等	・灯火の装備	・夜間飛行の経験	・日中の経路確認 ・十分な照明の確保
目視外飛行	空撮、趣味、測量等	・自動操縦システムの装備（機体外の様子を監視） ・プロポのモニターに機体の位置情報等を表示・不具合発生時の危機回避機能（自動帰還機能等）	・目視外飛行の経験	・飛行前の経路確認 ・双眼鏡等を有する監視員の配置のもと、FPV による飛行 ・飛行の常時監視体制 ・関係者以外立ち入ることのできない場所で飛行
危険物輸送	農林水産（農薬散布）等	・危険物の輸送に適した装備（タンクの材質や機体への固定）	・意図した経路を維持しながら飛行できる程度の飛行経験	・監視員の配置 ・第三者が立ち入らないよう注意喚起
物件投下	農林水産（農薬散布）等	・不用意に物件を投下しない機構（ボタ落ち防止対策、スイッチ操作以外では投下できない機構）	・物件投下の経験	・監視員の配置 ・第三者が立ち入らないよう注意喚起

国土交通省航空局が 2016 年 5 月 10 日に公表した資料[26]より。

築している。自動車は走行する道路が決まっており、進行方向も制限速度も定められている。交差点では通常は、信号機が設置され停止信号に従わねばならない。信号機がない場合でも、一旦停止標識が設置される場合が多い。列車はレール上しか走行しないとはいえ、追突事故を防ぐために、信号機や、レールの切り替え機が備わり、自動的に衝突を監視する自動列車停止装置（ATS）では、一区間には必ず一組しか列車が存在しないように制御されている。船は航路が決まっている場合もあるが、基本は操縦者が安全を確保しながら操船している。

航空機は初期には、パイロットの目視によって安全を相互に確認し合いながら飛行していたが、旅客機の定期運航が始まる一九三〇年代には、地上に設置された電波灯台からの無線を頼りに飛行することで航空路が設定され、米国では各社の運航を管理する運航管理センターが一九三五年に設置されるようになり、現在の航空管制の基礎となった。

航空機の飛行は、計器飛行方式（IFR）と、有視界飛行方式（VFR）に分類され、一定高度（通常二〇〇メートル）以上の空域は管制区と呼ばれ、とくに空港周辺は「管制圏」、その周囲は「進入管制区」と呼ばれる（図5－4）。旅客機の定期運航は基本的にIFRで行われ、天候により視界が悪くても、または夜間でも計器の指示により飛行でき、常に航空管制官の指示に従って飛行する。一方、VFRは視界が確保できる条件でのみ飛行ができ、基

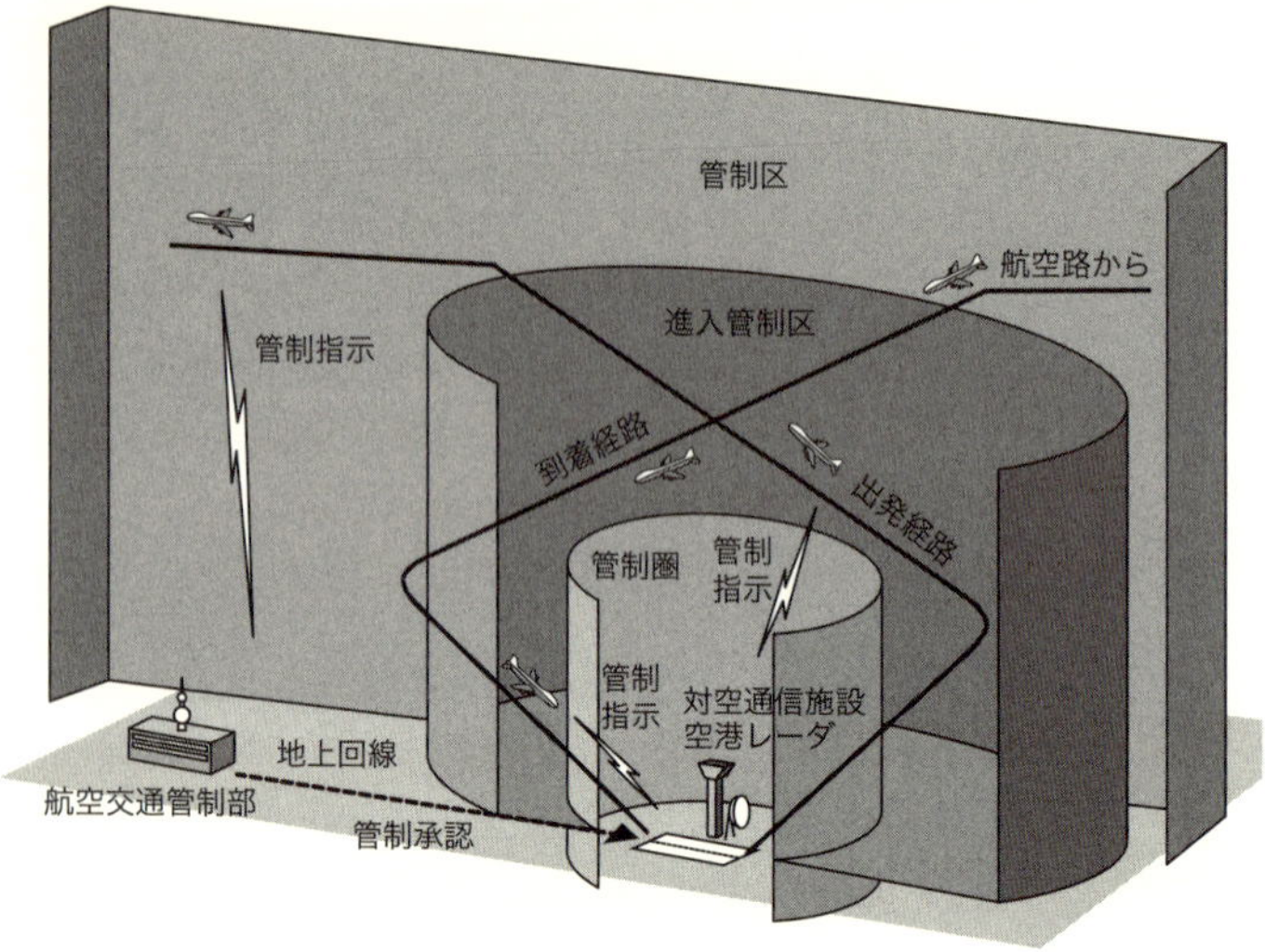

図 5-4　航空管制のしくみと空域

本的にはパイロットの判断で飛行できるが、管制圏内では、管制官の許可を受け、指示に従わなければならない。

飛行に際しては基本的に飛行計画を作成し、管制機関に提出しておく。飛行準備が整った段階で、管制機関に離陸許可を申請し、指示を得て離陸する。離陸後は空港監視レーダで監視される進入管制区を離れて、IFRの場合は、管制区に入域する前に、航空交通管制部に管理が移管される。日本では、札幌、東京、福岡、那覇に航空交通管制部があり、順次管理が移管される。航空路は従来では地上電波局を直線的にたどる経路が設定されたが、飛行機も高精度に位置を計測できる自律航法装置や衛星信号によるGPSを備えるため、柔軟に経路を設定できる広域航法(RNAV)が使用できるようになった。VFRの場合は、管制圏以下の高度を目視で飛行する。

着陸は、IFRの場合は飛行機が到着空港に近づくと航空交通管制部に降下を要求する。航空交通管制部は降下の指示を出し、進入管制区に入域する際に到着機の管制業務をターミナルレーダ管制に移管する。定期便の旅客機は精密な航空計器に基づき飛行するIFRで管制指示に従い着陸に入る。空港に、地上から誘導電波を発して飛行機を滑走路まで誘導する計器着陸装置(ILS)が備わっていれば、飛行機はこの電波に誘導され、パイロットの手動、またはオートパイロットとオートスロットルで自動着陸ができる。VFRの場合は、パイロットは空港に近づいたら管制官から情報を得て目視で確認して進入、着陸する。

このようにIFR飛行の場合は、飛行は地上レーダ網で監視され、完全に管理される。レーダでの監視ができない洋上では、HF帯を用いた交信で航空管制が行われ、最近では衛星通信を用いた管制も実施されている。また、二〇〇五年に設置された福岡の航空交通流管理センターは、国内全体の混雑や悪天を回避するための経路変更などの調整を実施し、円滑な航空交通流を形成する。

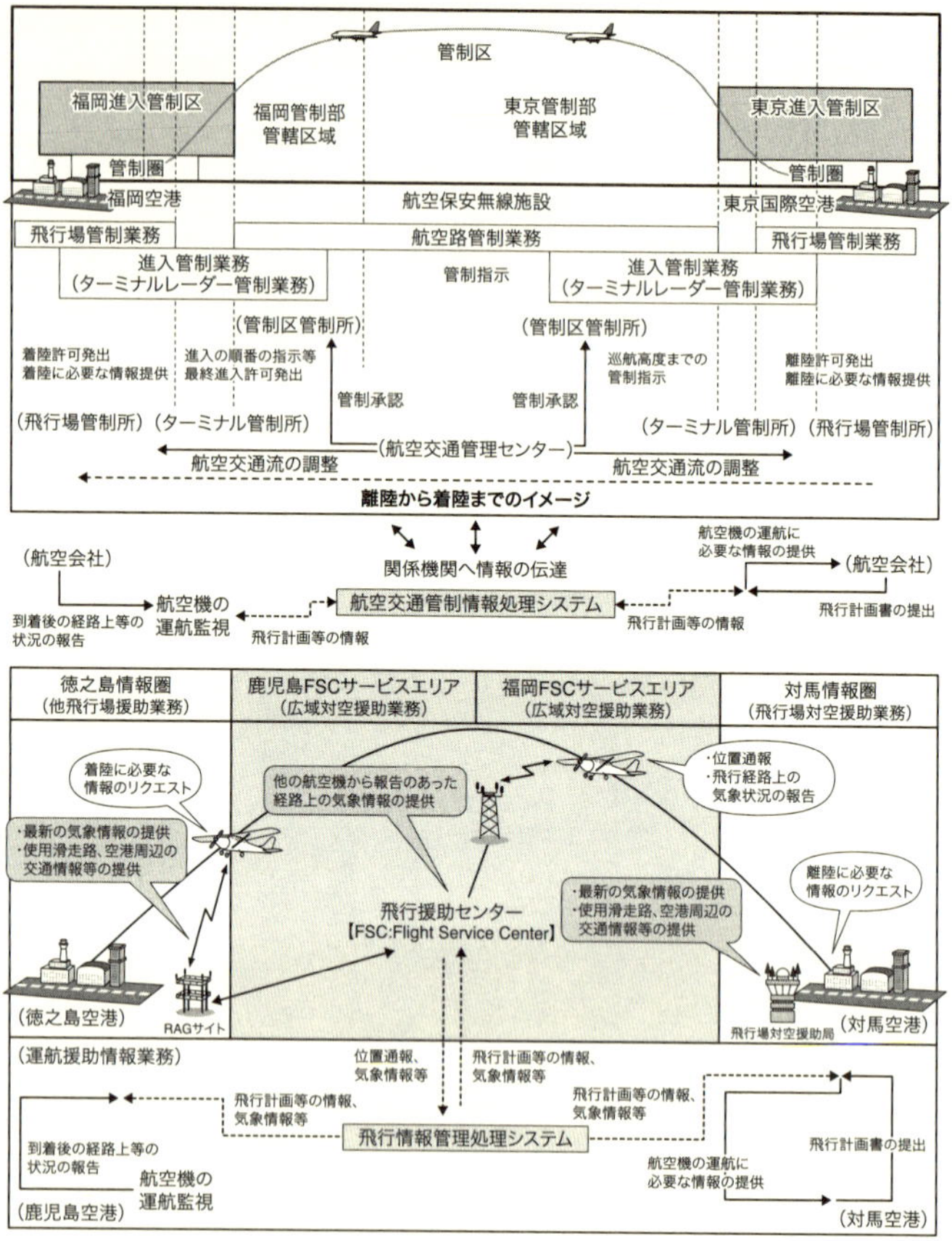

図 5-5　IFR と VFR の飛行の概略　文献[27]を参考に作成。

飛行機が一番恐れる空中衝突に関しては、地上で監視される以外に、飛行機どうしで衝突を回避するための空中衝突防止装置（ＴＣＡＳ）も機体に搭載されている。ＴＣＡＳは飛行機が搭載している管制レーダとの自動交信装置を用いて互いの飛行情報を自動的に交信し、衝突の危険性を判断し、回避の警告を出すものである。ＴＣＡＳを装着しないＶＦＲ飛行の場合には、パイロットは常に周囲に気を配り、相手機を右に見た航空機が回避操作をすることが義務づけられている。

航空管制は、基本的に管制官が飛行を監視し、パイロットからの要求に対応したり指示を与えたりする。空港の飛行場管制所（管制塔）においては飛行場の離着陸誘導を、空港のターミナル管制所においては空港近くで計器飛行を行う航空機を空港監視レーダにより監視誘導を、航空路では、管制区管制所において航空路監視レーダにより監視誘導する（図５－５）。

レーダによる監視

レーダ監視では管制官は管制卓上で飛行機の位置とともに、航空機の便名及び飛行高度、予定飛行方向などを見ることができ、異常接近の警報機能などもある（図５－６）。こうした情報は通常、二次監視レーダ（ＳＳＲ）により機体上でＧＰＳなどから取得された位置情

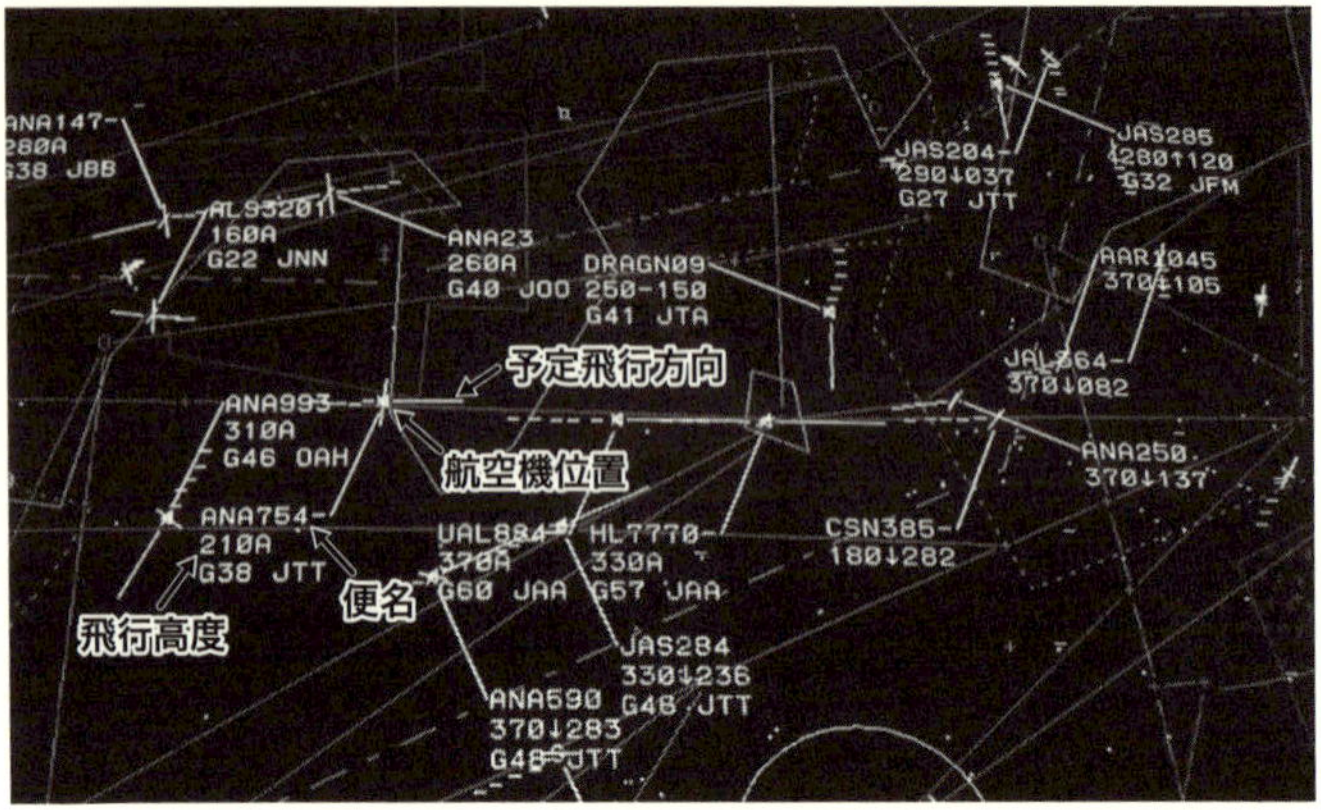

図 5-6　管制卓上で飛行機の表示　文献[28]より。

報をもとに表示される。ＳＳＲは通常のレーダ無線にパルス状の質問信号を乗せて一〇三〇メガヘルツで送信し、これを受信した機体は応答信号を一〇九〇メガヘルツで返信するものである。

ＳＳＲが利用できない洋上飛行や、地上レーダが利用できない（機体に装置がない、地上レーダがない）状況では、自動従属監視（ＡＤＳ）が利用される。洋上では位置情報を衛星データリンクにより航空機が管制機関に送信する。これをＡＤＳ-Ｃという。一方、地上レーダを利用できない環境では、自己位置をＳＳＲの応答信号などで周辺に放送するＡＤＳ-Ｂがある。ＡＤＳ-Ｂは、レーダ整備が進んでいない国・地域などでレーダに代わる監視装置として試験運用されているほか、航空機周辺の交通状況を地上管制官とパイロットとが情報共有するシステムとして研究されている。

このような監視に基づき、管制官はパイロットに通信でコミュニケーションをとる。航空管制はおもに音声通信で行われ、民間ではVHF（一一八～一三七メガヘルツ帯）、軍用はUHF（二二五～四〇〇メガヘルツ帯）を用い、洋上通信としてHF（短波）が用いられる。音声でないデータ通信は、ACARSと呼ばれ、VHF、HF及び衛星通信が利用され、現在は、航空会社が利用している。航空管制におけるデータ通信は衛星通信による洋上での通信として使用され、今後、陸上での通信としての運用も計画されている。

航空路の設定と衝突防止

計器飛行では航空路は基本的に決まっており、無線設備（VOR／DMEなど）を結ぶ直線状の経路を、東行きと西行きとで高度を決めて飛行する。空港からの出発と着陸では出発経路と着陸経路が通常は複数設定されている（図5－7）。GPS運航が可能な機体はRNAVが可能で、ジグザグの直線コースではなく臨機応変に航路を設定することが可能である。

第二次世界大戦後、ジェット機が実用化し、民間航空が急激に発展するなか、一九五六年六月三〇日にグランドキャニオン上空での旅客機どうしの空中衝突が発生した。その事故で

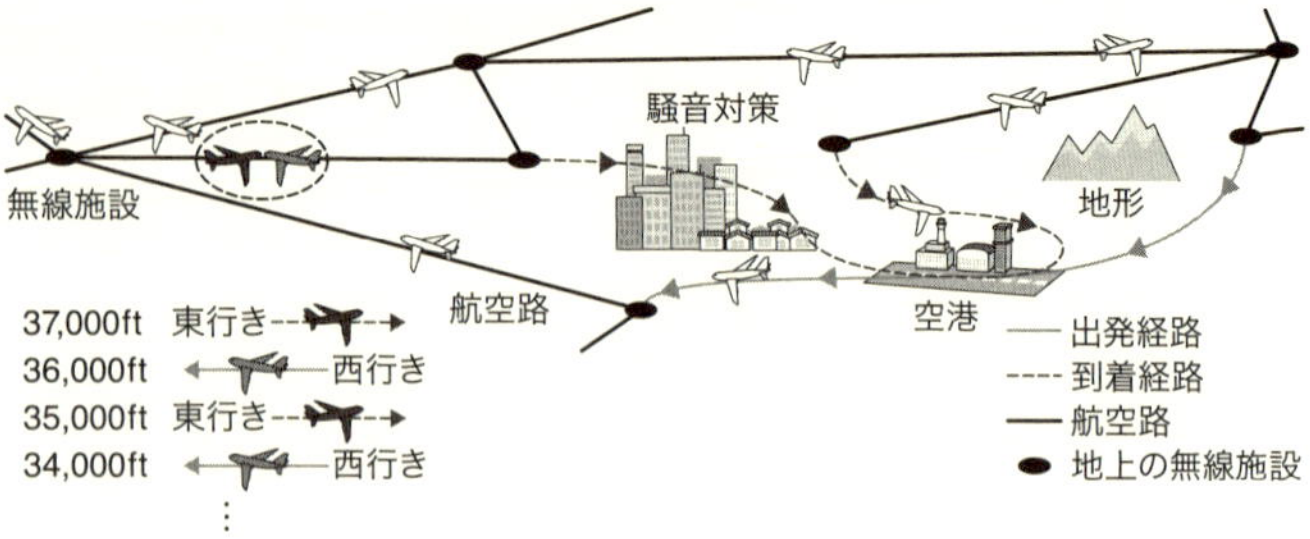

図 5-7　航空路の設定　文献[29]を参考に作成。

は、ロサンゼルス空港からカンザスシティーを経てワシントンＤＣに向かうトランス・ワールド航空〇〇二便ロッキードＬ１０４９スーパーコンステレーションに、シカゴ経由ニューアーク行きのユナイテッド航空七一八便ＤＣ‐７が追突した。両機に搭乗した乗員乗客一二八名全員に生存者はいなかった。当時は、計器飛行計画をパイロットの判断で、有視界飛行に切り替えて飛行することが許されていた。あらかじめ決められていた飛行計画を途中で許可なく変更できたのである。

この事故をきっかけに、飛行計画どおりの計器飛行が義務づけられ、変更する場合には管制官の許可を得なければならなくなった。

飛行計画で衝突が起きないように管理されているとはいえ、交通量が増加し、また、気象条件などによる航路の変更によって接近の危険性も発生する。そうした状況に備えて、現在の旅客機には前述のようなＴＣＡＳが備わっている。

四　ドローンの航空管制はどうなるのか

続発するドローンと有人機のニアミス

このように、有人機はその発達の歴史の中で管制技術がつくり上げられていった。ここ数年のドローンの増加は、新たな無人機用の管理システムを必要としている。有人機との違いは、コストと重量と機上の操縦者の有無である。そもそも、ドローンはコストをかけずに手軽に飛ばすことができることが最大のメリットであり、その管理のために多大なコストをかけることは許されない。小型であることも最近のドローンの特徴である。小型、軽量であるがゆえに落下しても大きな事故にはつながらないという安心感がある。重量のかさばるシステムを搭載することには抵抗がある。ドローンの操縦者は、マニュアル飛行であれ自動飛行であれ、遠隔操作で機体を操っている。衝突の危険を察知して、回避操作をとるまでの時間が有人機の場合よりも遅くなってしまう。ただ、飛行速度は、有人の飛行機ほど速くないという点はドローンでは有利となる。

ラジコン飛行機には歴史があり、衝突回避のためのマナーがあったといえる。二〇〇〇年代の半ば以前では、遠隔操作の無線は特定の周波数を使用していたため、同じ周波数をほかの人が使用すると混信が起きた。私の経験でも、二〇〇五年に開催された愛・地球博で未来のロボットを展示するイベントでそうしたことが発生した。飛行ロボットを屋内で展示するために、天井からロープで吊り下げていた。下からラジコンでプロペラを回転させるようになっていたが、何も操作しないときに、突然プロペラが高速で回転し、ひもでつながった状態でぐるぐると旋回を始めた。送信機の電源を切っても止まる気配がないので、どこか別の場所で同じ周波数の電波が出ていることが疑われた。館内で調査したが、そうしたものを使っている気配はなかった。結局、屋外で動いていた地上ロボットの操作に使われていた送信機が電波の発信源であることが判明し、ようやく暴走は収まった。ひもで吊るされていたので、事なきを得た。

こうした事態を避けるために、ラジコン機の大会や練習では、使用している周波数をプラカードで掲示して、周囲に、同じ周波数の送信機を使わないように、厳密には電源も入れないように注意を促していた。飛行させる場所も、ラジコンクラブが管理している練習場などであり、一度に複数機を飛ばさないことが常識であった。これが、二・四ギガヘルツの新しい無線が利用されるようになり状況が一変した。周波数ホッピングという周波数を切り替える手法が導入され、同時に複数機をコントロールすることが可能となった。第3章で紹介した飛行ロボットコンテストでは、最初のころは無線周波数の管理を厳密に行っていたが、二、三年後には二・四ギガヘルツの無線周波数が利用できるようになり、管理する必要がなくなり簡単になったことを実感している。最近の市販のドローンレースも二・四ギガヘルツを利用するので、たとえば複数の機体で競うドローンレースも可能になった。ただし、数が多くなると通信量が増し、遅延や切断が起きるので注意が必要だ。

ただ、同時に飛行が可能になると空中衝突という新たな危険性も生じた。空中衝突でとくに深刻な問題は、有人の航空機とドローンの衝突の危険性が高まったことである。米国では二〇一四年あたりから、空港に着陸中の飛行機とドローンがニアミスを起こしたという報道を目にするようになった。小型のドローンとはいえ、高速で飛行する航空機にとっては困った存在である。国土交通省からも、有人ヘリコプターと模型飛行機やマルチコプターによるニアミスが報告され、ドローンのような小型無人航空機を自由に飛ばすことによる課題が指摘されている。

空港近くに生息する鳥との衝突は、「バードストライク」と呼ばれ、旅客機にとって大きな脅威である。「ハドソン川の奇跡」として有名な航空機事故もバードストライクが原因であった。二〇〇九年一月一五日午後、ニューヨークのラガーディア空港を離陸したUSエアウェイズ一五四九便エアバスA320は、両エンジンに鳥が吸い込まれ推力が失われた。機長は、ハドソン川への緊急着陸により墜落を免れた事故である。ジェット旅客機のエンジンは開発時に鳥衝突試験を行う。四ポンド（一・八キログラム）の鳥を吸い込んだ際に、エンジンが分解や爆発せずに停止できるようするためだ。エンジンは複数あり、同時に大型の鳥を吸い込む確率は低いため、正常なエンジンだけで飛行できるようにジェット旅客機は設計されている。そのため、USエアウェイズ一五四九便のように四キログラムもの鳥が両エンジンに衝突すると、推力は失われ、グライダーのように滑空着陸するしかない。こうしたケースはきわめて稀であるが、鳥衝突自体は、たとえば羽田空港では二〇一四年には約二〇〇件起きているという。墜落に至る事故はほとんどないが、エンジンの損傷や、空港への引き返しにより、毎年国内だけで数億円の経済損失になるという。

バードストライクならぬ「ドローンストライク」がついに発生したという報道が二〇一六年四月一七日にBBCニュースで報じられた。ジュネーブからロンドンのヒースロー空港へ着陸するブリティッシュ・エアウェイズのA320に、ドローンが衝突した疑いがあるとされた。その後この件に関する報道はなく、真相は不明である。英国では空港近くでドローン

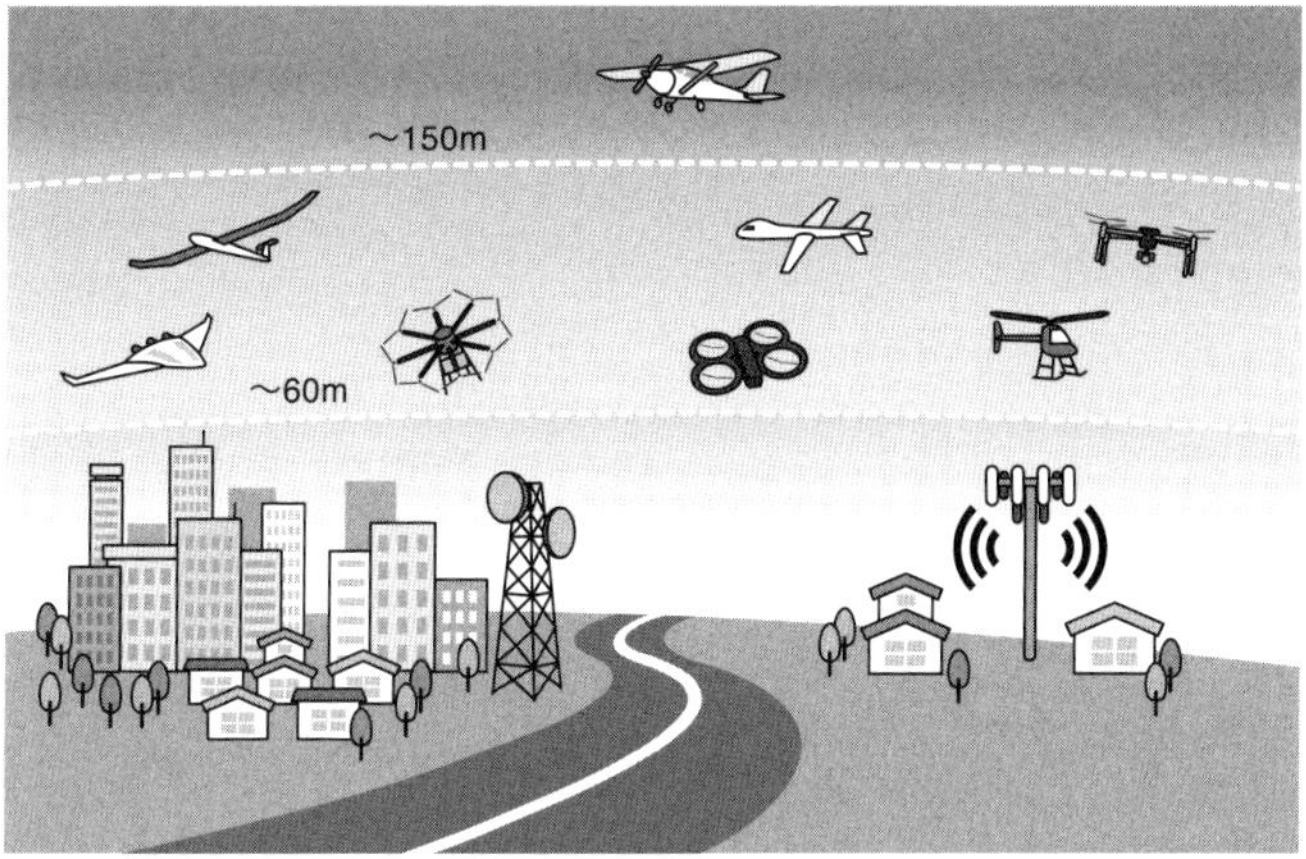

図 5-8　UTM の対象　文献[31]を参考に作成。

を飛ばした際には、最大五年の懲役刑が課せられるとされていたが、さらに厳しい措置が求められた。BBCはその後、誕生日プレゼントとしてドローンを与えられた子どもが、その機体を上昇させ、ヘリコプターのテールローターに衝突させ、ヘリコプターを墜落させてしまうという番組を制作し、ドローンの利用に警鐘を鳴らしている。[30]

無人機の航空管制

米国はNEXTGENという次世代の航空管制システム計画の中で、もともと有人機と無人機を統合管制するNASという構想をもち、NASAは二〇一四年から無人機航空管制（UTM）の研究を行っている。

図5－8のように高度二〇〇〜五〇〇フィート（六〇〜一五〇メートル）の空域で、登録された無人機を自動で管理するシステムの構築をめざす。以下のような技術可能レベル（TCL）の段階的な試験計画である。

レベル1：二〇一五年八月に実証試験を実施。農業、消防、インフラ点検のための飛行が対象。空域を予約して管理し、ルートを設定するとともに、空域を外れないようにジオフェンシングを設定する（ジオフェンシングとは、飛行中の無人機はGPSにより自機の位置がわかるため、飛行可能エリアを逸脱しないように自動的に飛行制御させる機能）。

レベル2：二〇一六年一一月に実証試験を実施。過疎地での目視外飛行の試験が対象。飛行中に管制情報を動的に調整し、不測の事態に対応できるようにする。

レベル3：二〇一八年一月に予定され、中程度の人口集中地域での、協調・非協調無人機での管制に焦点を当てる。協調とは無人機どうし、無人機と地上局が通信で情報交換が可能な状態、非協調は情報交換ができない状態を意味する。

レベル4：人口集中地域での報道や配送での無人機の利用を想定し、大規模な偶発事故への管理能力の試験も計画されている。

NASAのUTMの研究開発はFAAと共同で実施され、グーグルやアマゾンなどの民間企業とも契約を結んでいる。研究成果は、二〇一九年以降はＦＡＡに引き渡され、ＦＡＡでの制度づくりに活用されることが期待されている。

ＵＴＭに求められる技術

①静的な管制と動的な管制

小型無人航空機と管制システムがオンラインでのデータ通信ができない場合、管理は、飛行計画に基づき、事前に調整しなくてはいけない。いわば静的な管理だ。ただし、実際の飛行においては気象の変化や、急な離陸の遅延などがあり、予定どおりには進まない。そこで、通信を確保して変更に対応する動的な管理を行うのが次のステップとなる。

②セパレーションの確保

空中での衝突を避けるために、航空機どうしは接近しないように管制間隔を確保して飛行する。無人航空機ではどのような方法でセパレーションを確保するかは今後の課題となるが、時間による分離、空域による分離、航空路による分離などが考えられる。

時間による分離は、古くからラジコン機を飛ばす場合に行われている方法である。飛行可能な時間を事前に決めるので電波の混信もなくなる。空域を分離する方法は、機体ごとに飛行可能な空域を分離するもので、高度で分けたり、水平面上の領域で分けたりすることが考えられる。ただし、離着陸時や空域までの飛行時には特別な管制が必要となる。

航空路による管理は、空域をよりフレキシブルに分割できる。この場合も、離着陸時には航路は交錯するので特別な管理が必要となる。

③位置の確認と通信

目視内飛行であれば飛行位置は常時確認できるが、遠距離飛行や障害物の裏側への飛行などで目視外になった場合には、何らかの方法で飛行位置を確認できる手段を確保する必要がある。有人機では空港、および空路上でレーダによる位置の確認が行われ、無線での通信手段が確保されている。洋上など、レーダでの確認、無線での交信ができない場合には、HF通信や衛星通信を利用する。これらが使えない場合、マレーシア航空三七〇便のように行方不明になってしまう。

小型無人航空機ドローンの場合、飛行高度が低く、機体が小さいうえ、コストも有人機のようにかけられないという課題がある。ドローンがGPSなどで位置を測定できていれば、その情報を無線通信によって管制局へ送り確認できる。ラジコン機でもそうした装置を搭載し、コントローラーに高度や速度を表示することができる。ただし、電波の届く範囲を超えると機能しないので、特別な通信手段が必要となる。携帯電話回線や衛星回線の利用が考えられているが、通信コスト、データの遅延や通信の途絶といった技術的課題のほか、国内では空中移動体に携帯電話回線を利用できないという制度的な課題もある。

有人機では、ADS-Bという電波発信システムも利用されている。これは自己位置などを周囲に発信するもので、衝突防止や航空管制に利用されている。ドローンでのそうしたシステムが海外では商品化されており、有効な利用が期待されている。

管制局からの管制指示は、有人機では基本的には音声通信によっているが、将来的にはデータリンクによる通信が活用されると考えられている。ドローンでの管制指示も同様に推移し、人の指令ではなくコンピュータによる自動化が最終的には求められると考えられる。衝突回避に関しても、単に指示を出すだけではなく、オートパイロットと連動して自動回避するシステムが最終的には必要と考えられる。

無人機用の管制システムには技術的な開発状況、規則の制約により段階的な開発、実証試験が必要で、これはNASAの研究計画でもそうなっている。一般的には

・飛行計画を厳密に規定する静的な管制から、突発事項に対処できる動的な管制へ
・人の判断から、コンピュータの支援を組む込み、最終的には自動的な管制へ

・低密度人口集中地域から高密度人口集中地域へ
・目視内飛行から目視外飛行へ
・時間や空域の制限された運航から、自由に飛行できる自立的運航へ
・互いに情報交換可能な協調的な機体どうしでの衝突回避から、非協調環境における衝突回避技術へ
・無人機のみの低高度での管制から、有人機と無人機の統合された管制への方向で開発が進むと考えられる。ただし、わが国では有人ヘリと小型無人機のニアミスが指摘されているように、有人機と無人機の情報共有が早期に求められている（この点は後で説明したい）。

JUTMの設立

UTMの実現に向けては多くの技術課題と規則づくりが必要である。NASAが研究を始める際に政府機関や企業と連携したのはそうした背景があるからであり、欧州では二〇一六年七月に非営利団体GUTMアソシエーションが設立された。これはUTMシステム構築のほか、欧州委員会への標準化提案を活動目的としている。

GUTMアソシエーションには、ドローンメーカーのDJI社（中国）や、ドローン用U

TMを提供するスカイワード社（米国）、スイスの規制当局FOCA、航空交通管理サービス大手のNATS（英国）、北京航空航天大学などが参加している。

日本でもUTMの検討を行い、規則案の提案とともに、具体的に管理を実施する非営利団体、日本無人機運行管理コンソーシアム（JUTM）が、一般財団法人総合研究奨励会内に、二〇一六年七月に設置された。私が代表を務め、産業界、大学、公的研究機関、自治体が設立メンバーとなり、会員は、九月末時点で四〇を超えた。

JUTMの活動目標は以下のとおりである。

・無人機の安全運行、環境整備に関するシンポジウムなどを通じた社会実装の推進
・ロボットテストフィールドとの連携、運行管理システム、衝突回避技術などの研究開発、事業モデルの社会実証の推進
・国との研究交流会、異業種連携・産官学間連携、欧米UTMなど国内外の活動との交流
・無人移動体画像伝送システムの運用調整の推進（無人機で用いる無線局の運用調整であり、電波資源の配分と調整を行う）

とくに最後の電波資源の配分と調整を明記しているのがJUTMの大きな特徴である。JUTMでは現在、会員による産学官連携のワーキンググループを設置し、上記の課題に対す

る技術的な検討を開始している。

ドローンと有人機連携の実証試験

先述のとおり、小型無人航空機と有人機とのニアミスは、国内外問わず報告され、日本では、低高度を飛行する有人のヘリとのニアミスが問題視されている。私たちの研究室は、ANA総合研究所とともに熊本県天草市と「ドローンを活用した社会基盤構築に向けた協定」を二〇一六年一二月一八日に締結し、一二月一九日に天草市牛深の天草広域連合南消防署においてドローンと防災ヘリとの連携という実証試験を実施した。

防災ヘリ、ドクターヘリなどは緊急に飛行するため、飛行計画を事前に提出するのではなく、離陸後に連絡するという。もし、着陸地点にドローンが飛んでいるとニアミスの危険が増すことになる。今回は、熊本防災消防航空隊・天草広域連合消防本部の協力を得て防災ヘリ訓練の際での実験となった。

実験のシナリオは次のとおりである。

①崖から落下したけが人が発生したため防災ヘリを要請。

②熊本空港の熊本防災消防航空隊からヘリが出動。
③防災ヘリの到着は約三〇分後との連絡を受け、天草広域連合消防本部がドローンによるけが人の捜索を実施。
④周囲で飛行中の一般のドローンには、九キロメートルの地点にヘリが接近した際に着陸指令を発信。
⑤捜索中のドローンには五キロメートルの地点にヘリが接近した際に着陸指令を発信。
⑥熊本防災消防航空隊はドローンが着陸したことを確認し、ヘリに着陸許可を出す。

ここで、九キロメートルや五キロメートルの数値は今回の実験のために設定したもので、今後の研究を通して適正な数値を得る予定である。ちなみに一般のドローンは安全のために早期に着陸が必要であるが、捜索用のドローンは操縦者が熟練者であり、防災ヘリとの綿密な連携が必要という想定で距離に差を設けた。

防災ヘリの飛行位置とドローンの飛行位置が、天草広域連合消防本部に設置した地上局のコンピュータに表示されるシステムは、東京大学の中村裕子特任助教と修士一年の松本義彦君とが開発した。無人機用の航空管制システムが整備されていない中での実験であったため、防災ヘリとドローンの位置情報は次のように取得した。

・防災ヘリ：防災ヘリが搭載するGPSの位置情報は衛星回線を通して熊本防災消防航空隊（熊本空港）に表示される。今回はこの情報から現場の地上局コンピュータに表示した。地上局コンピュータは携帯回線によってインターネットに接続されている。

・ドローン：ドローンが搭載するGPSの位置情報は各ドローンの操作用コンピュータで取得できるので、現場の地上局コンピュータと携帯回線によりデータを共有する。

このようにして、防災ヘリ、ドローンの位置関係が把握できるので、接近距離に応じて自動的に指令を出すことができる。今回は地上局コンピュータから防災ヘリへは、天草広域連合消防本部の防災無線機により音声で連絡、一方ドローンへの連絡は、地上局コンピュータでの管制情報がウェブアプリでつくられているので、各ドローンの操作用コンピュータでも同時にモニターできるとともに、着陸命令は各コンピュータへ送るようにした。

すべてのドローンが着陸をしたことを地上局コンピュータで確認後、天草広域連合消防本部の防災無線機によってヘリコプターへ着陸許可を与え、試験は終了した（図5-9）。

この実証試験は、有人機と無人機の飛行位置情報をオンラインで共有し、動的な管理を行うものであり、日本で初めて実施したものである。世界では、NASAが二〇一六年一一月

図 5-9　熊本での実証試験の様子　①防災ヘリの出動、②けが人捜索ドローンの出動、③地上局コンピュータ、④防災ヘリとドローンの位置関係、⑤防災ヘリへの無線連絡、⑥防災ヘリの着陸。

に動的な飛行管理を行っているが、遠隔操作される有人のヘリとドローンとの連携であり、防災ヘリのような有人機とドローンの動的管理という意味では世界でも例がないと思われる。今回の試験で、準備したシステムが正常に稼動することが確認でき、こうしたシステムの有効性が実証できた意義は大きい。ただしドローンの着陸指示の、よりきめ細かな発信という課題もある。捜索用ドローンは防災ヘリが五キロメートル以内に接近した時点で離陸地点に戻ったが、時間的にはタイトであり、捜索地点近傍の安全を確保できるエリアで迅速に着陸させることも検討すべきであった。

有人ヘリとドローンが同じ空域を飛行するという状況は実は、二〇一六年の熊本地震で空からの報道や調査の際に発生した。そのときは、飛行する時間帯を有人ヘリとドローンで分けたということである。それはもちろん安全を確保するためだが、今回のような情報共有システムを利用したUTMが開発され準備されれば、より効率のよい使い方ができる。JAXAでは防災時における有人ヘリの管理システム、災害救援航空機情報共有ネットワーク（D-NET）を開発し、すでに実績があり、今後さらに有人機と無人機の位置情報を共有し、ドローンの動的な管理を行うシステム開発が求められる。

第６章
ドローンの事故防止をめざして

民間航空機は事故原因の究明と対策を国際的な連携によって推進し、空の安全性を向上してきた。ドローンの事故防止を進めるうえでそうした航空の取り組みは参考にする必要がある。

一　事故要因となるヒューマンファクター

航空だけではないが、安全管理における重要な視点にヒューマンファクター（人的要因）がある。航空機の事故はさまざまな要因で発生するが、技術的な成熟とともにヒューマンファクターが大きな要因を占めるに至っている。無人航空機においても遠隔操作の操縦者、それをサポートする者の役割は大きい。

ヒューマンファクターを考えるうえで、航空安全の世界ではSHELLモデルの利用が浸透している。SHELLモデルでは、操縦者を中心に、S（ソフトウェア）、H（ハードウェ

ア)、E(環境)、L(ライブウェア：人間)を図6-1ように配置してそれぞれの関係を明示的に検討する

クルー・リソース・マネージメント

ヒューマンファクターが重視されるきっかけとなった事故がある。一九七二年一二月二九日、高度な自動操縦技術を備えたイースタン航空トライスター四〇一便のマイアミ空港での墜落事故である(図6-2)。着陸態勢に入った同機は前脚が下りたことを知らせるランプが点灯しなかったため、機長は着陸を取りやめることを管制官に伝え、高度を上げて空港周辺の周回飛行に入った。このとき機

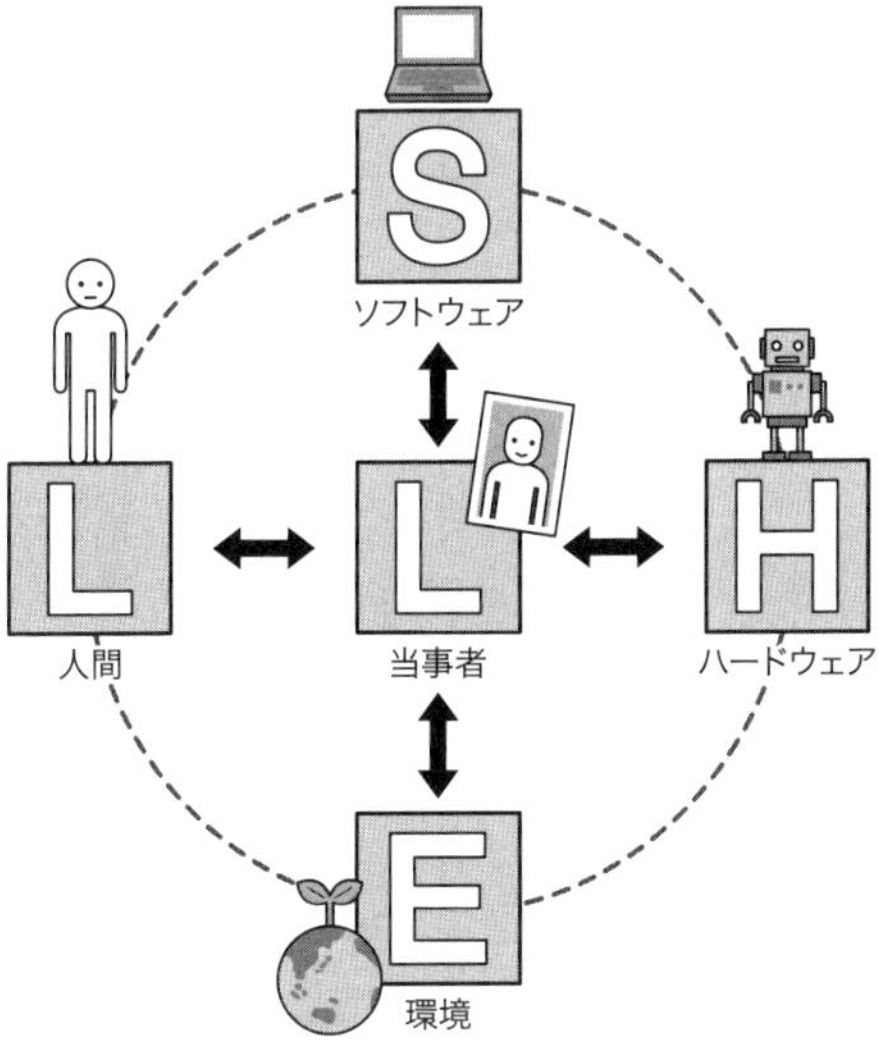

図6-1　SHELLモデルの概念

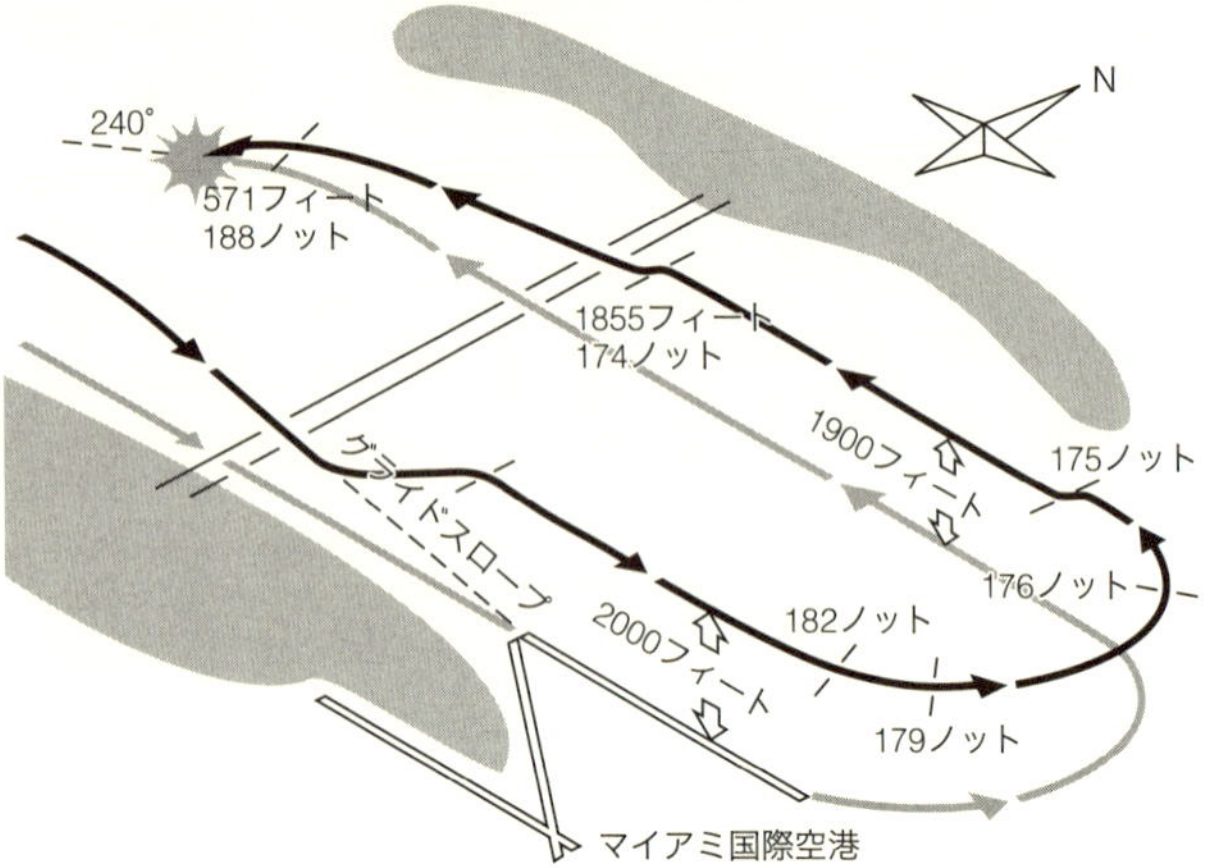

図6－2　イースタン航空トライスター 401 便の飛行経路
文献[32]より作成。

長は自動操縦モードに入れ、前脚の確認、そしてランプの交換をコックピットの乗員（副機長と機関士、および教官パイロット）とともに始めた。途中で、高度が下がり始めたが誰一人としてそのことに気づかず、空港近くの沼地に墜落し、乗員乗客一七六名のうち一〇三名が死亡した。事故後のフライトレコーダーとボイスレコーダーの分析により、自動操縦が解除されていたことが判明した。自動操縦モードは、操縦桿に力を加えればいつでも解除できる設計になっていた。何かのはずみで操縦桿が押され自動操縦モードが意識せずに外れたと考えられた。自動操縦が外れれば計器に表示され、高度の低下も警告が発せられる。しかしそのことに、四名の乗員誰一人として気がつかなかった。

この事故を受け、自動操縦が解除されたことを警報で知らせる機能が追加された。これはSHELLモデルにおけるL（人間）とS（ソフトウェア）およびH（ハードウェア）との関係である。しかしそれ以上に重視されたのは、乗員全員が高度低下に気づかなかった点であった。その後、航空業界ではコックピット・リソース・マネージメント（CRM）という訓練方法が開発され、こうしたヒューマンファクターに起因する事故の対策が取られた。これは、コックピットの乗員間のコミュニケーション、意思決定プロセスなどの重要性を学ぶものである。マイアミ空港での事故も、誰か一人が飛行状態の監視についていれば惨事は防げた。乗員の役割を明確にすることと、上下の区別なく、安全上の指摘ができる雰囲気づくりが重要とされている。SHELLモデルのL（人間）とL（当事者）の関係である。

無人航空機の飛行においても地上の遠隔操縦者は操縦に専念するため、周りの環境に注意が行き届かないことがある。リスクの高い状況では、必ず近くに監視者を配置して、操縦者に指示を与えるようなことが必要である。CRMは最近では「クルー・リソース・マネージメント」と呼ばれ、医療現場にも導入されている。手術中の執刀医、助手、麻酔医などの連携におけるヒューマンエラーを防止するためである。

コンピュータへの入力ミスが招いた事故

航空機の自動操縦が高度化すると、マン・マシン・インターフェイスに起因する事故が発生するようになった。一九九二年一月二〇日、フランス・ストラスブール空港へ着陸中に墜落したエア・アンテール航空エアバスA320-100の事故では、この人間と機械のインターフェイスが大きな問題として取り上げられた。同機は予定の四倍の降下率で急降下し、空港から約一五キロメートル手前の山岳地帯に墜落、八七名の死者を出した。二一か月に及ぶ調査では事故の原因を特定できなかったが、ヒューマンファクターを重要な要因として指摘した。

同機が降下を開始した地点は、空港の約二〇キロメートル手前、高度五〇〇〇フィート(一五二〇メートル)であった。正常に降下するためには約三度の進入角を取ることが必要であったが、同機は毎分三三〇〇フィートの降下率で降下した。このことからパイロットが同機のフライト・コントロール・ユニット(FCU)に進入角を三・三度と入力すべきところを、降下率を三三〇〇フィート/分と誤って入力した可能性が高いと考えられている。

A320では降下率と進入角はボタンを押すことでモードを切り替え、数値を一つのダイアルノブで入力する。ノブの上部に設けられた出力窓には、モードの違いによって異なる文字が表示されるが、降下率は一〇〇フィート単位で表現するので数値はどちらも二桁となる。そこで、進入角を三・三と入力するつもりで降下率モードを誤って選択し、降下率を三三と設定した疑いがもたれている（図6－3）。しかし、モードの違いはパイロット正面のプライマリ・フライト・ディスプレイ（PFD）にも表示され、同機はヘッド・アップ・ディスプレイまで備えていたためこうしたミスが起きる可能性は低いのも事実である。事故調査委員会は最終的に事故原因を同定することはできなかったが、ミスを犯す可能性のあるFCUの改善を勧告し、エアバス社は降下率の表示を四桁にすることによって二桁の進入角と見間違えることのないようにFCUを変更した。

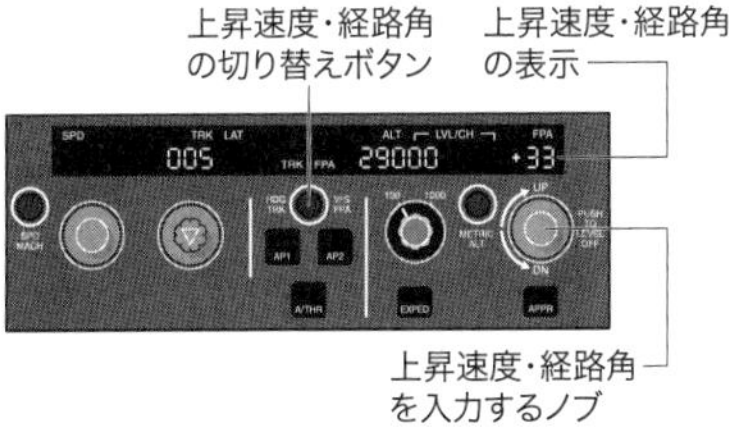

図6－3　エアバスA320のFCU
文献[33]を参考に作成。

この事故は、自動操縦における表示が不適切であり、間違いを誘発しない表示方法が重要であることを物語っている。SHELLモデルのL（人間）とS（ソフトウェア）およびH（ハードウェア）との関係である。また、マイアミ空港事故と同じように、機長、副機長のどちらかが機体の沈下速度や高度をモニターしていればこうした事故を防げたはずである。

自動操縦と手動操縦の混在が招いた墜落事故

自動操縦と手動操縦は現在のシステムでは切り替えて使用することになる。ただし、両者が混在したことが原因と考えられる事故が発生している。一九九四年四月二六日、中華航空エアバスA300-600Rは名古屋空港へ着陸中に失速のため墜落し、二六四名の死者を出した。ボイスレコーダーとフライトレコーダーの調査では、着陸中に着陸やり直しを行う自動操縦モード（ゴー・アラウンド・モード）が設定されており、さらに乗員が操縦輪を手動で操作したことが判明した。手動操縦で着陸進入中、なんらかの理由でゴー・アラウンド・モードが設定され、降下から上昇飛行に自動的に変更された。パイロットはこのことに気づかず正規のコースに戻すために手動で操縦輪を

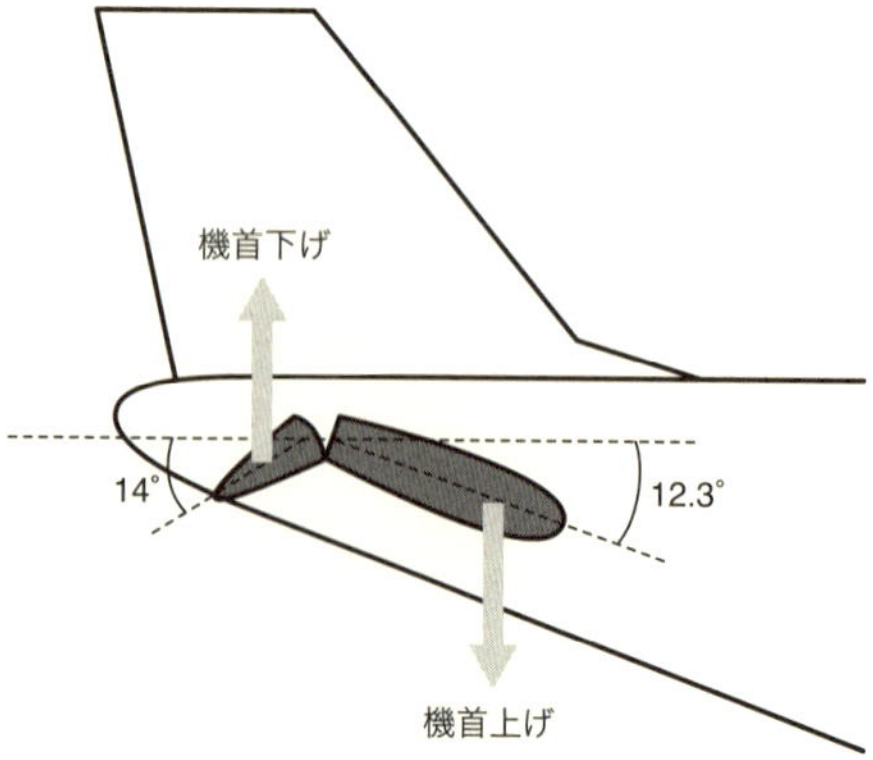

図6－4　事故発生時の水平尾翼と昇降舵面の動き
文献[33]を参考に作成。

押したと考えられる。先述のマイアミ空港事故では、操縦桿が押されたことで自動操縦が解除されたが、中華航空機では、手動操縦によってゴー・アラウンド・モードが解除できないように設計されていた。この結果、水平尾翼と昇降舵面が相反する不自然な動きをした（図6－4）。昇降舵面はパイロットの操縦輪の操作によって機首を下げる方向に動いたが、自動操縦装置はゴー・アラウンド・モードを遂行するために、昇降舵面の動きを打ち消すように機首上げ方向に水平尾翼を作動させた。フライトレコーダーの解析では、事故機の水平尾翼は一二・三度まで機首上げ方向に、昇降舵面は一四度の機首下げ方向に動いていた。こうした通常では考えられないような角度では気流が乱れ、有効な制御が困難となり、墜落に至ったと考えられている。

人間が優先か、コンピュータが優先か

名古屋空港での事故は、人間の操縦や判断が優先か、自動操縦（広くはコンピュータの判断）が優先なのかという問題を提起している。ストラスブールでの墜落のように、コンピュータは指示されたことを忠実に実行するが、指示が間違っていれば事故につながりかねない。

一般的には、コンピュータの操縦を人が確実にオーバーライドできるシステムが安全と考え

られ、「人間中心」コックピットという設計思想が一般化されている。

ただし、事はそれほど単純ではない。人間は間違いを犯すからである。二〇〇一年一月三一日、駿河湾上空三万七〇〇〇フィートで、東京国際空港から那覇空港に向かっていた日本航空九〇七便ボーイング747と、釜山国際空港から成田国際空港に向かっていた日本航空九五八便DC-10の二機がニアミスを起こした原因はヒューマンエラーであった。

上昇中の那覇行き九〇七便と成田行き九五八便は同じ三万七〇〇〇フィートを飛行したため、管制レーダが二機の接近警報を発した。管制官は成田行きに出すべき降下指示を誤って那覇行九〇七便に出した。この結果、両機の衝突防止装置（TCAS）が反応し、成田行き九五八便には降下、那覇行九〇七便には上昇を指示した。那覇行九〇七便はTCASの指示ではなく管制官の指示どおりに降下を続けたため、両機衝突の危機は高まった。これを監視していた別の管制官がこのことに気づいたが、ここでも便名を間違えて九〇七便に降下の指示を与えた。最終的には、成田行き九五八便のパイロットが上昇の操作をし、那覇行九〇七便のパイロットが急降下の操作をしたため衝突は免れた（図6-5）。ただし、交差時の両機の高度差はわずかしかなく、あわやの大惨事を招きかねない事態となった。

この異常なニアミスは、TCASの指示と管制官の指示が異なっていたために発生したと

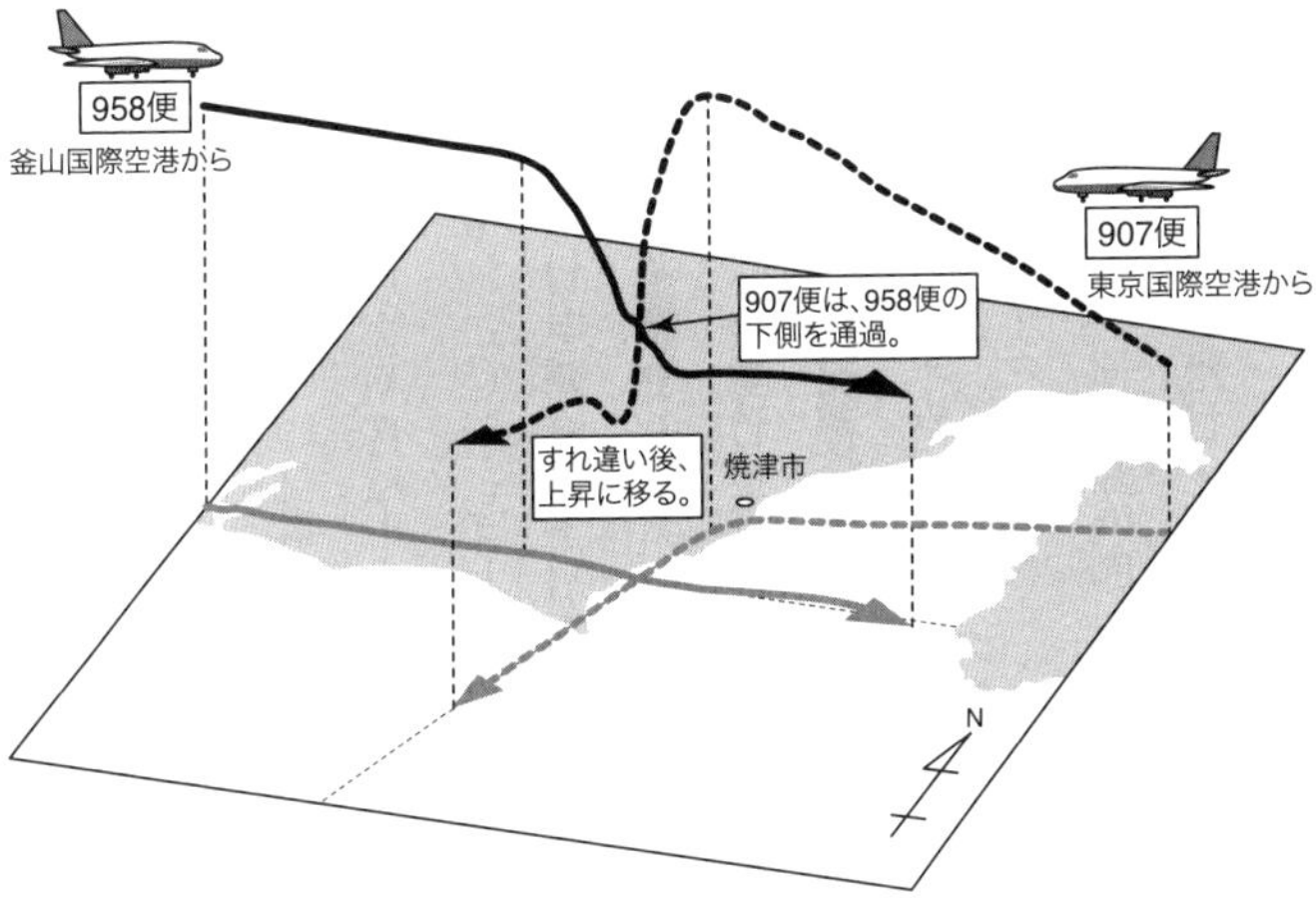

図6－5　那覇行き907便と成田行き958便の飛行経路
事故調査報告書[34]を参考に作成。

いえる。人間が優先か、コンピュータが優先かという課題に対して、日本の国土交通省は、ICAOに対して、明確な規定の必要性を求めた。しかしながら、その結論が出る前に、空中衝突が現実のものとなってしまった。

二〇〇二年七月一日、モスクワ発ミュンヘン経由バルセロナ行きの旅客機バシキール航空二九三七便Tu－154Mと、バーレーン発ベルガモ経由ブリュッセル行き貨物機DHL六一一便ボーイング757が、ドイツ南西部のバーデン・ビュルテンベルク州ユーバリンゲン上空約三万五〇〇〇フィート（約一〇キロメートル）で空中衝突したのだ。両機にはTCASが搭載され、バシキール機には上昇の、DHL機には降下の指示が出されていた。TCASの指示どおりに回避操作が取られていれば衝突は回避できたはずであるが、同空域を管制していたスイスの管制会社の管制官が、空中衝突の危険の連絡をバシキール機から受け、バシキール機に降下の指示を与えた。バシキール機は衝突防止装置の指示と反する管制官の指示に従ったため衝突を招き、バシキール航空機の乗員乗客六九名とDHL貨物機の乗員二名の合計七一名全員が犠牲となった。

スイスの航空管制局では本来二名体制で管制すべきところ一名で管制を行っており、また、事故当時航空管制センター内の衝突警報装置が事故の約三〇分前から機器メンテナンスのため作動していなかった。さらに、管制センターの主電話回線網も調整のため切られており、代わりに予備回線を使用していた。管制官は事故直前に、ドイツのフリードリヒスハーフェン空港との電話連絡を試みたが障害のため失敗し、この復旧を試みている間に両機が接近してしまい、結果的に誤った指示を与えることになった。これはヒューマンエラーというよりも、管理会社の組織管理のあり方の問題といえる。

その後、ICAOは、管制官の指示とTCASの指示が相反する場合にはTCASに従うことを定めたが、結果として駿河湾上空のニアミスの教訓が迅速には生かされなかったことが悔やまれる。

ヒューマンエラーを防ぐには

これらの航空機事故からわかることは、人間は間違いや思い違いを起こすものであり、それを前提にシステムを構築しなければならないということである。また、故障やヒューマンエラーが事故に関係しても、それ単独で大きな事故に至るわけではなく、いくつもの要因が重なって事故に至るということもわかる。こうした事象の連鎖によって事故が引き起こされる様は、図6-6のような、スイス・チーズモデルによって模式化される。チーズの穴は事故やエラーを意味し、穴どうしが貫通していなければどこかで事故を防ぐことができるが、それが運悪く重なってしまうと重大事故が引き起こされるというものである。チーズの穴をすべてつぶすことは不可能であるが、連鎖を途中で止めることができれば事故は防げることになる。ヒューマンエラー

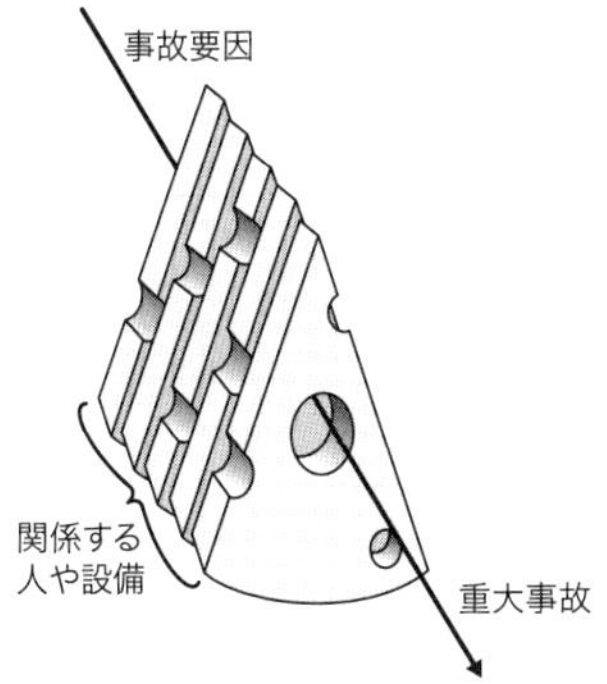

図6-6　ICAOのスイス・チーズモデル　ICAO Safety Management Manual[35]を参考に作成。

に関してはCRMのようなチームワークに関する訓練が有効であり、エアラインではLOFTと呼ばれるシミュレータ訓練も取り入れている。これは、実際の運航を想定したフライトシミュレータによる訓練プログラムで、トラブルを想定したシナリオを用意し、それへの対処方法を訓練するものである。パイロットを含む乗員には単に操縦技能だけではなく、安全管理能力が求められるということが重要である。また、コンピュータへの入力システムに関しても、人間は間違いを犯すものであるいうヒューマンエラーを前提にした設計が求められる。

二　航空機の安全管理

前節のヒューマンファクターのみならず、航空の世界では信頼性管理に基づく安全管理が徹底されている。それは機体の設計、製造、運航のライフサイクルすべてに渡って行われるものであり、無人航空機も空を飛ぶ機械という点で共通することが多々あると思われるので整理してみたい。

設計における信頼性管理

航空機は設計開発段階において製造国政府の安全審査（型式証明）を受けることが義務づけられている。その規則は国ごとに決められているが、航空機は国を超えて飛行するため、基本的な方針はＩＣＡＯによって定められている。

型式証明は、開発する航空機の安全性が定める基準に合致することを証明するもので、飛行試験に基づく性能評価以外に、確率的な信頼性評価と設計開発プロセスの認証評価に基づいて実施される。

①確率的信頼性基準

確率的な信頼性評価に関してＩＣＡＯは、「歴史的に稀な重大事故は一〇〇万時間に一回程度発生するから、不確定性と要素の組み合わせを勘案して、一つの要素には一〇億時間当たり一回の故障確率が求められる」と説明している。一〇億時間当たり一回の故障とは、信頼性工学でよく利用されるＦＩＴ、つまり一〇の九乗分の一の信頼性確率となる。一〇億時間は天文学的な数値ではあるが、一年間は一〇の四乗時間（一万時間）なので、一〇万個のサンプルを一年間休まず試験して一個が故障する確率と考えると理解しやすい。

米国連邦航空局（FAA）は、部品の重要度に応じて信頼性基準に具体的なレベルを設けている。その部品が故障すると安全な飛行や故障を妨げるCatastrophic（破壊的）な事故をもたらすものは一〇の九乗時間当たり一回の故障確率を、そこまで重要ではないが、それが故障すると機体性能の低下をもたらし、乗員の高度な対応を要求するMajor（重大）またはSevere Major（深刻）な故障に関係する部品は一〇の五乗から九乗時間当たり一回の故障確率を求め、それ以下のMinor（軽微）な故障に関係する部品に関しては一〇の五乗時間当たり一回以下の故障確率としている。

高い信頼性を要求される部品に関しては、個々の要素の信頼性を厳しく管理する必要がある。個々の要素が独立であれば、単純な確率の問題になるから、要素が直列につながれると全体の信頼性は低下し、並列になると向上する（図6-7）。たとえば、信頼性九〇％の部品を三つ直列にしようとすると全体の信頼性は七二・九％に低下するが、並列に三つ配置すれば九九・九％の信頼性を得ることができる。さらに、一つの部品の信頼性が三〇％に低下したとすると、直列配置の信頼性は二四・三％と大きく低下するが、並列配置の場合は、九九・三％の信頼性を維持できることがわかる。こうした並列配置による信頼性の向上策は「冗長設計」と呼ばれている。

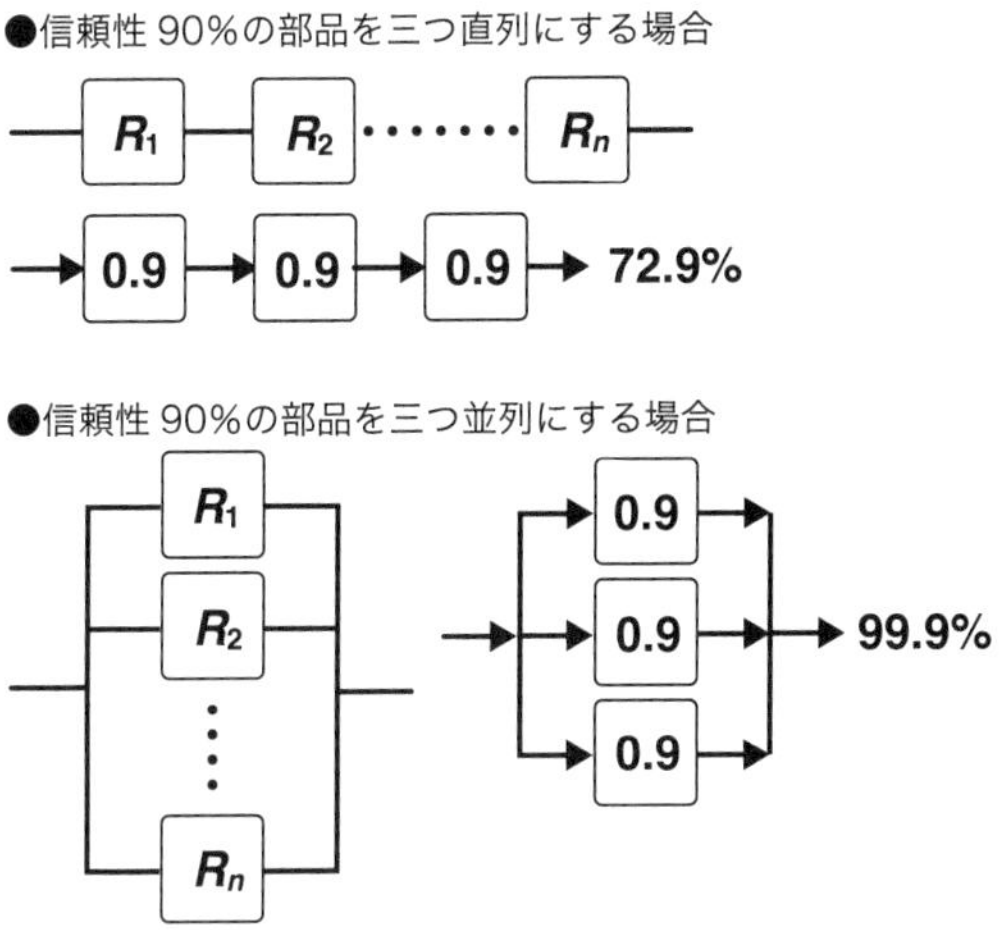

図 6－7　直列接続と並列接続による信頼性の違い　直列接続の信頼度：$R=R_1 \cdot R_2 \cdot R_3$、並列接続の信頼度：$R=1-(1-R_1)(1-R_2)(1-R_3)$

冗長設計の具体的な例は、航空機において簡単に見つけることができる。旅客機のエンジンが二つ以上なのは、エンジン一発が停止しても安全な飛行が維持できるようにするためである。ジャンボジェット（ボーイング747）のような設計が古い機体は、太平洋などを飛行する際にエンジン四基を必要とした。ただし、最近のボーイング777や787ではエンジン二基で太平洋を越えることができる。以前は、エンジンが一基になった場合、六〇分以内に着陸できる飛行場が存在しなければそのルートは飛行できず、双発機では太平洋上を飛行できなかったが、現在では双発機による長距離進出運行（ＥＴＯＰＳ）という新たな基準が導入され、機体、エンジンの信頼性に応じて六〇分以上の飛行が認められるようになった。

見えない箇所でも冗長設計は使用されている。たとえば飛行管理用のコンピュータは三台搭載され信頼性を確保している。さらに、重要な要素の一つが故障した場合には機能を維持すること（one fail operative）、二つが故障した場合でも安全が維持できること（two fail safe）といった規定も存在する。ただし、脚のように冗長に用意すると重量がかさみすぎるような部品に対しては、セーフライフ設計が適用される。これは、機体構造が設計寿命以内では疲労劣化による破壊が決して起こらないことを保証するものである。

図６‐７は単純な例であるが、実際の航空機開発においては機器の故障がシステムに及ぼす影響を定量的に求める故障モード影響解析（ＦＭＥＡ）と、システムレベルの重大な事故の要因を分析する故障の木解析（ＦＴＡ）などの手法が用いられている。

②設計開発プロセス認証

航空機でも、ソフトウェアのように確率的信頼性評価がなじまない要素も存在する。機械部品や電気電子部品は、故障発生を確率的に見積もることが一般的であり、初期段階と寿命

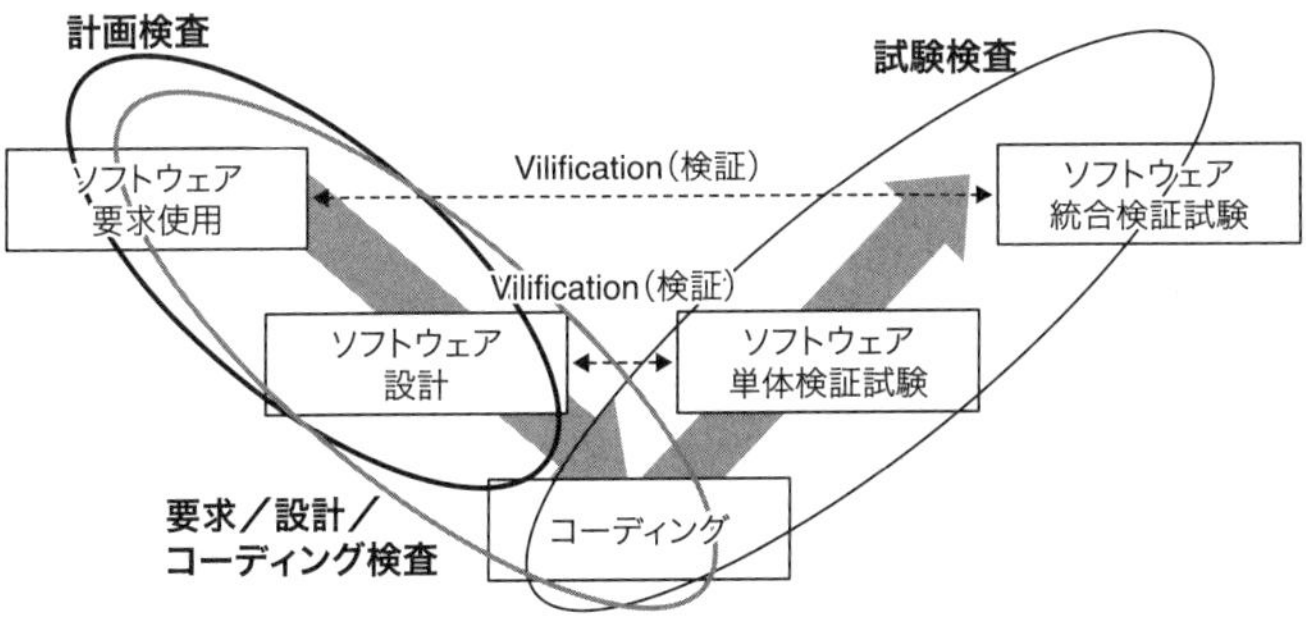

図6－8　ソフトウェアの設計、開発、試験とそれに対応する評価

間近では故障頻度が増加するバスタブ特性をもつことが知られている。しかしながら、ソフトウェアに関しては、開発段階で不備（バグ）が紛れ込みそこが機能すると必ずエラーとなるため、使用頻度や製造誤差によりエラーが増えるわけではない。そのため確率的な信頼性管理ではなく、設計、開発、試験のプロセス自体を管理する手法が採用される（図6－8）。

こうしたプロセス評価は航空機開発全体にも適用されている。現在では、航空機の各要素は国際的なサプライチェーンの中で開発、購入がなされるため、信頼性管理体系を確立しなければならず、部品一つ一つがどの国のどの工場で、どの時期に製造されたのかを追跡できる体制を整えておかねばならない。開発評価プロセス自体はソフトウェアの評価手法をより大規模にしたもので、機体の要求をシステム、機器へと要求確認（validation）しつつ落とし込み、

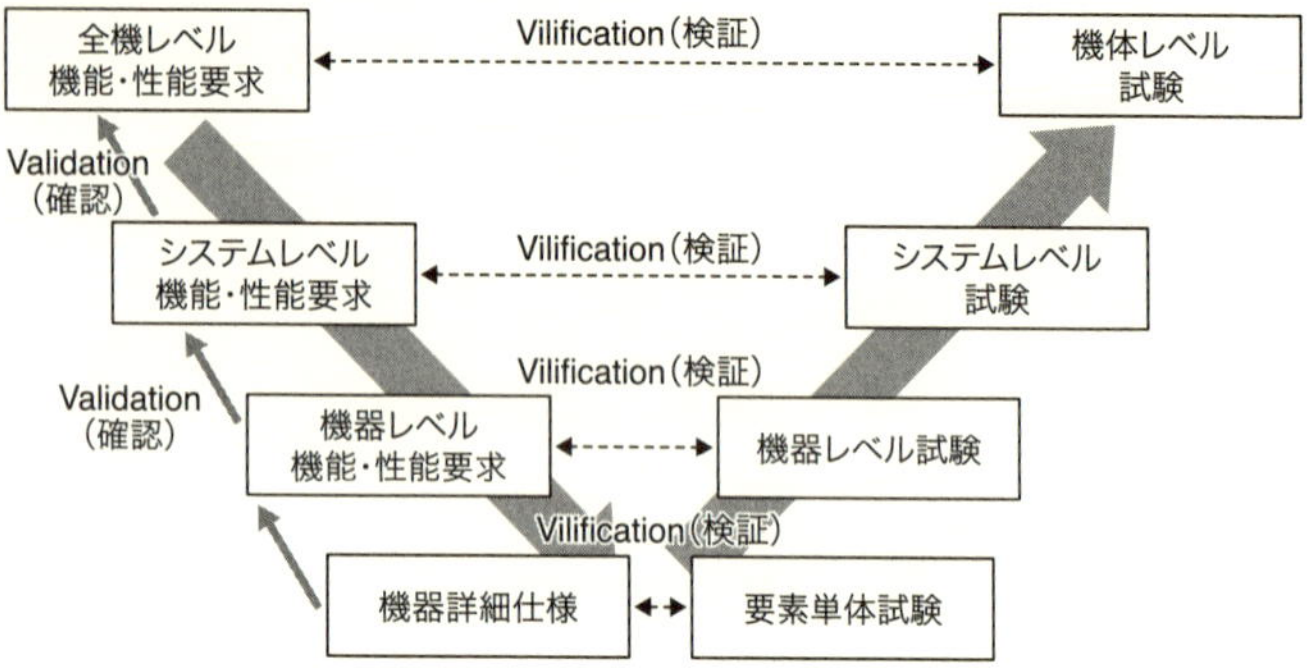

図６－９　機体開発プロセス

それぞれのレベルごとに要求に合致するかを試験によって検証（vilification）する（図６－９）。

製造証明

航空機の型式証明には、設計とプロトタイプによる性能を証明することと、設計どおりに製造が行えることを証明することがある。後者をとくに製造証明と呼ぶ。これは信頼性証明で前提とした製造が保証できることを、組織、生産施設、品質管理システムの評価によって認証を受けることを意味する。

日本では、国土交通省による製造検査認定事業場の認定と、経済産業省による航空機製造事業法による認可を受ける必要がある。航空機部品製造においてはほかにもさまざまな規格を取得する必要がある。国際規格（デジュール標準）としては、ＩＳＯ９００１による品質管理及びその日本での航空宇宙分野規格であるＪＩＳＱ９１００が、業界団体による基準（フォーラム標準）としては国際的な特殊工程認証プログラム（ＮＡＤＣＡＰ）が、非営利団体によるデファクト標準として米国材料試験協会（ＡＳＴＭ）規格、自動車技術者協会（ＳＡＥ）規格などが存在し、さらには航空機製造メーカーやエンジンメーカーが独自に規定する企業規格がある。これらはいずれも航空機の安全性を担保するために設けられているものであるが、航空機産業への参入障壁になっているのも事実である。

耐空証明

自動車の車検と同じように、航空機には使用する登録国における耐空証明と呼ばれる証明がＩＣＡＯによって義務づけられている。耐空証明は基本的に一機ごとに一年ごとに受けなければならないが、航空機の設計・製造・整備などの能力について国土交通大臣により認定された事業場（航空会社、航空機メーカー、整備事業者など）においては、国の検査などの一部または全部を省略することができるとされている。

航空機の整備改造

航空機は設計開発時に安全な利用が可能なように整備プログラムを制定し、運航者はそれに従い飛行間点検・定期整備などを、国家資格を有する整備士が行わねばならない。設計などの不具合に対しては、製造国は耐空性改善通報を発行し、航空機などの安全性及び環境適合性を確保するため、運航者に整備・改造などを指示する。機体を改造する際にも、国による検査を必要とする。

安全管理の不備が招いた航空機事故

安全管理が原因となった航空機事故の例として、旅客機が超低空を背面で飛ぶ予告編で話題になったロバート・ゼメキス監督、デンゼル・ワシントン主演の二〇一二年公開映画『フライト』を取り上げてみよう。オーランドからアトランタへ向かう飛行機のエレベータが制御不能になり、機体は急降下を開始した。地面が目前に迫る恐怖に立ち向かい、デンゼル・ワシントン演じるウィトカー機長は機体を背面にさせ、かろうじて水平飛行に立て直す。最後に、機体をふたたび背面から戻し胴体着陸を敢行するのだ。事故後に、国家安全委員会（ＮＴＳＢ）が調査のために、一〇人のパイロットにフライトシミュレータにより飛行を再現させたが、誰一人として生還者を出すような操縦はできなかった。乗員・乗客一〇二名のうち九六名を生還させたウィトカー機長はヒーローとなるはずであった。

映画の顚末は見てのお楽しみとして、この映画は、二〇〇〇年一月三一日に発生したアラスカ航空二六一便墜落事故を参考にしているようだ。午後一時三七分にメキシコのプエルト・ヴァリャルタ国際空港を出発し、サンフランシスコ経由でシアトルに向かう二六一便のMD－83型機は、離陸上昇中からエレベータのオートパイロットが不調であった。ただ、すぐに引き返すようにはマニュアルには設定されておらず、燃料投下装置もなく緊急着陸をするには重量オーバーであったため、乗員は手動操縦で飛行を継続することにした。途中でオートパイロットがふたたび稼働し始めたが、不調であることは明らかで、機長は調子を確認するために手動操縦に途中で切り替えた。不調の原因は、水平尾翼の角度を変更するためのスクリュー装置が固着したためであった。MDシリーズの水平尾翼はエンジンが後部にあるため、垂直尾翼の上部に位置し、長いスクリューを電動モーターで回転させることで、機体構造に固定されたナットとの回転によって水平尾翼の角度を変更するようになっていた。電動のスクリュージャッキといえるものだが、このスクリューとナットのねじが固着したのだ。

さらに無理に電動モーターを回した結果、固定機構まで破損し、水平尾翼は前縁を大きく上げた位置まで動いてしまった。午後四時一九分三七秒、機体が大きく降下を開始したのは、水平尾翼に大きな揚力が発生し、機首を無理やり押し下げる結果になったためである。機体はロールしながら裏返し姿勢になり、制御不能のまま午後四時二一分ごろ、太平洋上に墜落した。乗員五名、乗客八三名の八八名全員が犠牲になった。

事故後に太平洋から引き揚げられた、水平尾翼のスクリュー装置を検証すると、スクリューのねじに削り取られたナットのねじ山が巻き付いていた。原因は、スクリューとナットのねじ山に塗られるはずの潤滑油が存在しないことにあった。水平尾翼のスクリュー装置はバックアップのない重要な部品であり、点検整備を完璧に行うことが本来要求されていた。アラスカ航空では、これらの部品の整備点検時間を延長し、FAAもそれを承認していた。ただし、点検時に指示されていた潤滑油が現実には存在しなかった。重要な備品の整備の手抜きが重大な事故を招くという認識が、現場ではなかったのであろうか。冗長な機構をもたないこうした重要部品は、常に完璧に整備を維持しないといけないことは、確率的な信頼性管理の箇所で指摘したとおりである。これはドローンでも同じだ。

三　ドローンのリスクマネージメント

リスク分析

ＩＣＡＯでは航空における安全を、「航空活動に関連するリスクが受け入れ可能なレベルまで低減され制御されている状態をいう」と定義している。航空機は墜落による人命の喪失と経済的損失という非常に高いリスクを抱えているため、本節で取り上げたような厳しい安全管理を徹底してきた。無人航空機には人は搭乗していないものの、リスクの高い飛行に関しては航空機と同様な安全管理が求められるが、それは高いコストと厳しい管理を必要とする。リスクに応じた安全管理、つまりリスクマネージメント手法を築かなくてはならない。

表 6-1　リスク分析よる発生頻度と影響度

		発生頻度				
		A	B	C	D	E
影響度	5					●
	4			●		●
	3				●	
	2					
	1					

発生頻度：A＝考えられない、B＝起こりそうにない、C＝可能性あり、D＝よくある、E＝頻繁

影響度：1＝無視できる、2＝軽微な、3＝きわどい、4＝重大な、5＝破局的な

ICAO Safety Management Manual[35]を参考に作成。

リスクマネージメントは一般には、リスクを特定し、特定したリスクを分析して、発生頻度（発生確率）と影響度（ひどさ）の観点から評価する（表6-1）。そして、発生頻度と影響度の積として求まるリスクレベルに応じて対策案を講じるプロセスをいう。リスクの対策は、リスクアセスメントとしてさまざまなレベルがある。

●レベル1：リスクの回避

リスクの発生を回避する手立てをとる。たとえば、マニュアルを事前に準備する。気象情報を入手して強風の際は飛行しないようにする。バッテリーを複数用意し、バッテリー切れに対応するなどである。

●レベル2：リスクの低減

リスクが発生してもその被害を低減できる策をとる。たとえば、エンジン停止の際にパラシュートを用意して落下速度を低減させる。コントロール不能になっても安全エリアに留まるようにリールで紐づけしておくなどである。

●レベル3：リスク共有、転嫁

リスクを他者と共有するしくみとしては保険制度がある。リスクが顕在化した場合の損失補償を準備することになる。ドローン保険はすでにわが国でも実現している。

●レベル4：リスク許容

発生頻度が低く、損害も小さいリスクに対しては、対策をとくに講ずることなくリスクを許容することもありえる。

これらの対策は常に、評価、改善のプロセスを講じて実施することが重要である。

予防管理と予兆管理

リスクマネージメントは事前にリスクに対する予防策を立てることであり、「予防管理」といえよう。近年では、実働時のデータを取得管理し、データ分析に基づいて管理を行う「予兆管理」の手法も浸透しつつある。たとえば、旅客用のジェットエンジンを製造販売するGE社は従来からの飛行時間に応じた整備方式だけではなく、エンジンの運航データを常時取得し、エンジンの状態を解析し、エンジントラブルの予兆を検知し整備する「On-Wing Support」というサービスを提供している。機体メーカーもこうした予兆管理サービスを開始しており、IoTや人工知能の普及により一般的なものになるだろう。

こうした本格的なものでなくとも、飛行状態などの記録を残し、機体や機器の故障の予兆を検知するように日ごろから努める必要がある。

危機管理（クライシスマネージメント）

広くは、リスクマネージメントに含まれるが、現実に、事故やトラブルが発生しても、被害が拡大しないよう、また復旧を速やかに行えるように対策を立てておくことが有効であり、「危機管理（クライシスマネージメント）」として区別することがある。

たとえば、ドローンが多用するリチウム・ポリマー・バッテリーは、過充電やショートなどにより火災を起こす危険性が指摘されている。正しく使用する注意はもちろんであるが、火災を起こしたあとの準備をしておくことが必要だ。リチウム・ポリマー・バッテリーは火が出たからといって水に浸けたりすることは、塩素ガスの発生を招き危険である。十分な砂を入れたバケツを準備するなどの対策が必要である。また、緊急時の連絡先を事前に準備しておくことも危機管理の一つである。

ほかにも、ドローンが悪用されないように管理することも重要である。米国ではＦＡＡが、個人が所有する〇・五五～五〇ポンド（二五〇グラム～二五キログラム）のドローンに関して、二〇一五年一二月二一日から機体の登録を義務づけているのもこうした対策であると考えられる。違反者には最高で二万七五〇〇ドル（約三三〇万円）の罰金が科せられ、テロなど犯罪行為に用いられた場合には最高で二五万ドル（約三〇〇〇万円）の罰金と、最長で三年の禁固刑という厳しい制度となっている。

航空安全管理システム

一九八〇年代、巨大化する複雑システムによる大事故が複数発生し、欧州を中心に、組織の安全に対する取り組みを規定する動きが始まった。一九八六年に欧州連合が成立し、各国の品質管理規定を統合したＩＳＯ９０００シリーズが一九八七年に制定された際に、品質管理規定に組織管理も組み込まれた。二〇〇〇年の改定時に、より組織マネージメントを強化した品質マネージメントシステムに改定され、ＩＳＯ９０００シリーズはＩＳＯ９００１に統合された。

航空の分野では、英国、カナダなどの航空局がいち早く開始したＩＳＯ流の組織管理の方式をＩＣＡＯが統合、二〇〇四年の事故防止マニュアル、そして二〇〇六年には航空安全管理システム（ＳＭＳ）をセイフティ・マネージメント・マニュアルとして正式に導入した。

航空独自の要素として、「独立した安全責任者」、「懲罰免責制度のある安全報告制度」、「日常的監視と飛行データの分析」、「不安全要因の特定とリスクマネージメント」、「緊急時対応計画」を要求している。ＩＣＡＯの加盟国であるわが国も、航空法施行規則の改正により二〇〇六年から航空会社に、二〇一一年四月からはすべての航空事業者に、ＳＭＳの構築を求めた。安全報告制度はＦＡＡがＮＡＳＡの協力で一九七六年に制定した航空安全報告制度（ＡＳＲＳ）がベースとなっており、危険と感じたこと、安全上不具合だったことを自発的に報告する懲罰免責制度である。飛行データの分析もそうであるが、重大な事故の予兆を事前に察知するための予兆管理として利用されている。

事故の報告や分析はＳＭＳの一環として重要であるが、ドローンのような小型無人航空機に関してはそうした制度はなく、今後の課題といえる。

コラム　求められるプライバシーへの配慮

ドローンが空撮で利用されるということは、カメラが空を飛ぶことである。当然のことながら、写真や動画を不用意に撮られることが問題となった。

多くのドローンが低高度を飛ぶようになり、米国ではドローンの飛行を制限する条例を成立させた州が多く存在する。『ウォール・ストリート・ジャーナル』（二〇一五年五月一四日）によると、マサチューセッツ州ノーサンプトンは、一九四六年の連邦最高裁の判例を引用し、私有地上空五〇〇フィート（約一五〇メートル）の飛行を制限する決議を採択した。これは当時、ノースカロライナ州の養鶏業者が低空を飛ぶ飛行機を訴えたことで、地主は土地の直近の上空の排他的管理権をもつことを認めたものである。

また、BBCニュース（二〇一五年一〇月七日）によると、米カリフォルニア州は、私有地内にドローンを外から飛行させることを制限する法律を制定した。著名人を遠距離から撮影しようとするパパラッチ行為の抑止を狙ったという。一方で、同州のブラウン知事は、許可なく私有財産地の上空のドローン飛行を禁止することを含めたカリフォルニア州上院法案を、二〇一五年九月九日に拒否したというニュースもある。ドローンの利用の道を検討するためだという。メリットか迷惑かの議論はさらに続く。

わが国の民法二〇七条では、土地の権利は土地の上下まで続くとされ、空中権が認められている。飛行機や人工衛星が飛んでも許されるのは、公共の利益が優先すると解釈されているからだ。ドローンの公共の利益は現状ではそこまで認知されていないので、許可なく私有地の上空を飛行させることは問題がある。

また、プライバシーへの配慮に関しては、総務省が二〇一五年四月に「ドローンを用いて撮影した画像・映像を被撮影者の同意なくインターネット上で公開する場合には、被撮影者のプライバシー及び肖像権を侵害するおそれがあります」とし、「人の顔や車のナンバープレート等プライバシー侵害の可能性がある撮影映像等に対しては、ぼかしを入れるなどの配慮をすること」、「ドローンによる撮影映像等をインターネット上で公開できるサービスを提供する電気通信事業者においては、削除依頼に対する体制を整備すること」という注意喚起をしている。飛行の安全上の問題以外にも、ドローンを飛ばす際には、こうしたプライバシー侵害の恐れがあることに注意しなければいけない。

第７章
ドローンの未来

ドローンは「空の産業革命を拓く」として大きな注目を集めている。それまで、有人の航空機が飛べなかった低高度を無人で簡単に飛べる電動のマルチコプターが出現し、玩具にもなり身近なものとなったことからこうした期待を集めた。確かに、空撮や農業における農薬散布での利用、災害時の監視や報道など、また最近では測量分野などで産業利用が進んでいる。しかしながら現状での利用は、無人に近い非人口集中地域での、目視内での飛行に限定されている。空を飛ぶ機械として社会に受け入れられるためには、高い安全性を備えなければならない。また、技術面での研究開発だけではなく、制度的な整備も求められる。さらに、そのような利用の方法の必要性の高さや、便益の大きさの分析に加えて、利用促進のための支援策も必要となる。

一　ドローンが飛ぶ未来社会

ドローンの利用範囲を広げるためには、非人口集中地域における目視内の空撮や農薬散布などだけでなく、長距離の目視外飛行を可能にする運航管理システムが整備されれば、過疎地、離島などへの物資輸送や送電線などの長大インフラの遠隔点検などが可能になる（図7－1）。

過疎地や離島では医療品のみならず郵便・宅配物や日用品の配送サービスなどのニーズが高く、自治体の支援のもとでのサービスとして立ち上げ、規模を拡大させ、事業モデルの見通しが立った段階で民営化していくのが望ましい。これはちょうど、第一次世界大戦後に航空機を米国郵政省が郵

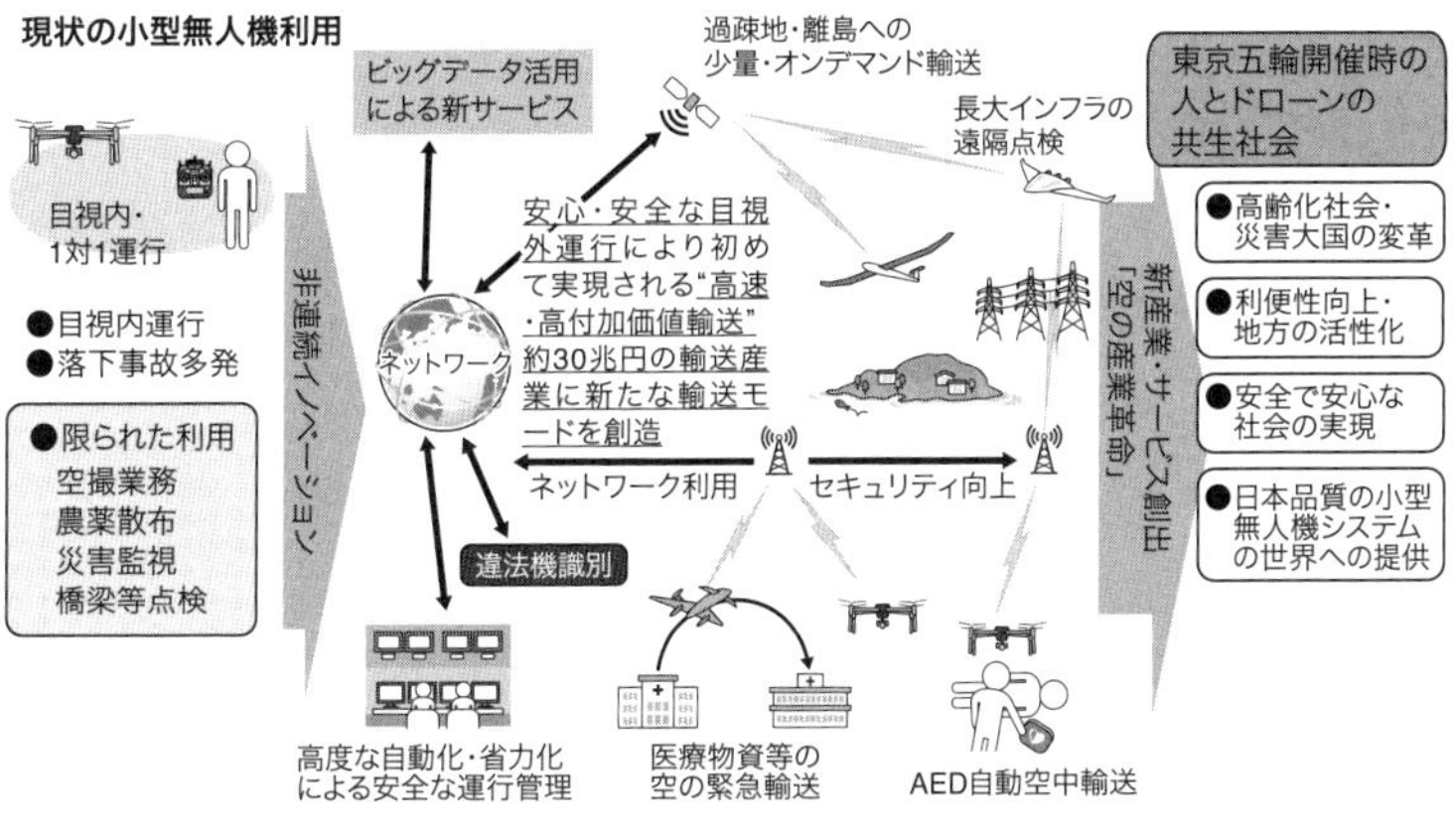

図 7-1　これからの小型無人航空機の利用方法

便配達に利用し、その後、航空輸送事業として成長させた方式をモデルにできる。このとき利用するドローンは、現状のマルチコプターでは飛行時間、飛行距離が制限されるので、マルチコプターのように垂直上昇が可能で、巡航は飛行機のように固定翼を利用するタイプが適している。こうしたハイブリッドタイプは、有人機ではオスプレイが、プロペラ面を回転させるチルトローターとして存在する。

無人航空機に関しても、各国で開発されているものがある。図7-2①は現在JAXA研究員の久保大輔博士が東京大学在学中に開発したテールシッタータイプの無人機で、垂直に離陸、着陸し、巡航は機体を傾けて飛行する。図7-2②はマルチコプターに翼を付けたようなハイブリッド型で、Japan Drone 2016（第1章参照）に展示された中国製の機体である。アマゾンも同様な機体で飛行試験を行っている。図7-2③はNASAで試験中のチルトウィング型の無人機である。翼がチルトするが、胴体の姿勢は水平を維持できる。こうしたハイブリッドタイプの機体は、巡航時は飛行機として飛ぶので、電動であっても高速で長時間飛行できるメリットがある。

インフラ点検に関しては、マルチコプタータイプのものは橋などの点検作業用として研究開発が進んでいる。図7-2④はJapan Drone 2016に展示された機体でハンマーの打音検

図 7-2　ドローンの未来形　①テールシッター型、②ハイブリッド型（Japan Drone 2016）、③チルトウィング機（NASA）、④インフラ点検用ドローン（Japan Drone 2016）、⑤室内自動飛行（Japan Drone 2016、提供（株）リコー）

査機能も備えている。送電線のような長大インフラに関しては、固定翼の飛行機タイプが適していると考えられる。

物資輸送や長大インフラ点検などの目視外飛行に関しては、地上の監視システムとの通信手段の確保が課題であり、衛星通信が有望であるが、移動局用のUAVを複数配置したマルチホップ通信などの技術も開発されている。

橋梁点検などに関しては、構造物の風下側では気流が激しく乱れるため、応答性のよいプロペラのスピードコントローラーが求められる。また、GPS信号を捕獲できないため、GPSによる自動飛行が現状では適用できないという課題がある。非GPS環境における自動飛行技術は開発途上であり、その完成が求められる。非GPS環境での自動飛行が実現すれば、屋内での自動飛行も期待できる。図7-2⑤は、Japan Drone 2016で公開された室内での自動飛行である。私の研究室も関係し、リコー、ブルーイノベーションとの共同研究で開発している技術である。具体的には、超広角ステレオカメラによって、ドローン周囲の三次元情報を捕獲できることを利用して自動飛行を実現している。通常は、地上の強力なコンピュータを必要とするが、搭載の小型コンピュータだけで自動飛行を可能にしている点にも新規性がある。

室内でのドローンの利用は、実は大きな産業利用の可能性を秘めている。警備会社が屋内での警備のためにドローンの利用を計画しているが、倉庫や工場内の点検監視のニーズがある。無人化された工場においては、自動で動いているロボットが正常に機能していることを確認する必要がある。監視カメラは備えられているものの、監視員が定期的に見回っているという。そうした監視をドローンにさせることができるのだ。また、宅配サービスが発達し、広大な倉庫が国内でもつくられている。そうした倉庫内での、点検や高所への物品の出し入れにも活用できる可能性が高い。

人口集中地域では落下時の安全性に対する対策が重要になるが、やはり公共的な利用から普及を図るのが現実的であろう。AEDの輸送実験は第1章で紹介したが、交通渋滞中の高速道路への医療機器の輸送はニーズが大きいと思われる。医療関係者の方に伺うと、移植用の臓器の輸送など、一刻を争う医療関連品の輸送へのニーズも高いという。病院から空港まで移植用臓器を輸送する際に、交通渋滞に巻き込まれずに運びたいということでドローンに期待しているという。救急ドローン以外にも、消防での利用も検討されている。化学プラント火災など人が近づけないような状況で、消防ヘリが到着するまでの緊急的な出番が期待される。もちろん、人口集中地域で利用するためには落下による二次被害が出ないような高い安全性、信頼性の確保は必須である。

二　ドローン災害救援隊

災害対応面でのドローンへの期待も大きい。図7－3はJapan Drone 2016で展示された浮き輪投下ドローンである。最近では、大規模災害の際にはドローンによる状況把握が行われるようになり、JUIDA会員のドローン団体が地方自治体と災害時の連携に向けて協定を結ぶケースが出てきている。ドローンを保有する自治体も現れてはいるが、絶対的に数が不足するため、民間の協力が求められるためだ。

災害救助に関して海外では、緊急対応者（ファースト・レスポンダー）の組織が存在する。救急隊に引き継ぐまで的確な応急手当てをする訓練をされた組織で、警察、消防、医療関係者はもちろん、民間人も参加している。米国では二〇〇一年の同時多発テロを受けて二〇〇六年にNational First Responders Organizationが設立され、二〇〇九年に会員受け入れを開始した[36]。こうした緊急対応者が初期活動の段階でドローンを活用することが検討されている。欧州では、EENA（European Emergency Number Association）が一九九九年にEU加盟

図 7-3　災害救助ドローン（Japan Drone 2016）

国によって組織され、ＤＪＩ社と連携して災害時のドローンの利用に関する調査を実施している[37]。その中で、ドローンの災害時での利用に関するトレーニングや、災害用の機材の開発の必要性が指摘されている。

災害大国とも呼ばれるわが国でも、災害時の初期活動において民間のドローンを活用できるような体制を整備することが必要で、ＥＥＮＡのように共通のトレーニングプログラムや機材の開発、共通化ができていれば、地域の民間ドローンの活用だけでなく、広域災害の際には、近隣地域から多くの支援を得ることができる。

三　ドローンで空飛ぶ自由を

ドローンのさまざまな活用が広がることで、私たちの生活が便利で安全なものになり、同時に新たな産業が興ることが期待されている。ただし、こうしたものは受け身の利益にすぎないといえる。大空の下でドローンを飛ばせば、鳥のように空を飛びたいという太古からの人類の夢を、いとも簡単に叶えてくれる。こうした体験は、私たちの人生観を変えるであろう。ドローンの最大の利用法かもしれない。手のひらサイズの小型のドローンは、室内でも飛ばすことができる。現状では、GPSが利用できず自動で飛ばすことはできないので難しいのだが、自由に操ることができると、鳥というよりも昆虫になった気分である。空飛ぶ自由を獲得する第一歩として、ドローンを手にしてはいかがだろうか？

あとがき

ドローンの未来を語ることは難しい。「空の産業革命」を拓くと期待される小型無人航空機ドローンであるが、安全に使いこなすには新たな技術や、新たな制度がまだまだ求められ、産業となるためには新たなビジネスモデルが必要だからだ。その本質を少しでも本書から読み取っていただければと思う。

経営学の「巨人」ピーター・ドラッカーは『創造する経営者』[38]において、未来につて次のように語っている。

われわれは未来について二つのことしか知らない。一つは、未来は知りえない、もう一つは、未来は今日存在するものとも、今日予測するものとも違うということである。

要するに未来はわからないということだ。だが、同時にドラッカーは未来を知る方法も二つあると指摘する。

一つは、自分で創ることである。成功してきた人、成功してきた企業は、すべて自らの未来を、自ら創ってきた。もう一つは、すでに起こったことの帰結を見ることである。そして行動に結びつけることである。

彼は後者を「すでに起こった未来」と名づけた。本書で、航空機を安全に設計、製造し、運航させるために人類が築き上げてきたことに触れたのは、「すでに起こった未来」を見るためであった。そのうえで、自ら新たなドローンをつくり、新たな利用法を開拓すれば自ら未来を拓くことができよう。そうした可能性をドローンは秘めている。

最後に、ドローンの研究、安全に利用するための検討、産業振興・人材育成のための活動を一緒に行っていただいている多くの関係の皆様方にお礼申し上げる。

It is difficult to say what is impossible, for the dream of yesterday is the hope of today and the reality of tomorrow.

不可能だと決めつけることは難しい。昨日、夢だったことが、今日の希望となり、明日には現実となるのだから。

――ロケットの父、ロバート・H・ゴダード

二〇一七年一月

鈴木　真二

SAS	Stability Augmentation System	安定増大装置
SMS	Safety Management System	安全管理システム
SSR	Secondary Surveillance Radar	二次監視レーダ
TCAS	Traffic alert and Collision Avoidance System	空中衝突防止装置
TCL	Technical Capability Level	技術可能レベル
UAS	Unmanned Aircraft Systems	無人航空システム
UASSG	UAS Study Group	ICAO における UAS の検討グループ
UAV	Unmanned Aerial Vehicle	無人航空機
UHF	Ultra High Frequency	極超短波
UTM	Unmanned Aerial System Traffic Management	無人機航空管制
VFR	Visual Flight Rules	有視界飛行方式
VHF	Very High Frequency	超短波
VOR	VHF Omnidirectional Range	超短波全方向式無線標識施設
VTOL	Vertical Take-Off and Landing	垂直離着陸機

GUTM	Global UTM Association	欧州を中心としたUTM団体
HF	High Frequency	短波
ICAO	International Civil Aviation Organization	国際民間航空機関
ICT	Information and Communication Technology	情報通信技術
IFR	Instrument Flight Rules	計器飛行飛行方式
ILS	Instrument Landing System	計器着陸装置
IoT	Internet of Things	インターネット・オブ・シングス
ISO	International Organization for Standardization	国際標準化機構
ITU	International Telecommunication Union	国際電気通信連合
JAXA	Japan Aerospace eXploration Agency	宇宙航空研究開発機構
JUIDA	Japan UAS Industrial Development Association	日本UAS産業振興協議会
JUTM	Japan Unmanned System Traffic & Radio Management Consortium	日本無人機運行管理コンソーシアム
LOFT	Line Oriented Flight Training	フライトシミュレータによる訓練プログラム
NADCAP	National Aerospace and Defense Contractors Accreditation Program	国際的な特殊工程認証プログラム
NAS	National Airspace System	有人機と無人機の統合空域
NASA	National Aeronautics and Space Administration	米国航空宇宙局
NATS	National Air Traffic Control Services	英国の航空交通管理サービス
NDVI	Normalized Difference Vegetation Index	正規化差植生指数
NEDO	New Energy and Industrial Technology Development Organization	新エネルギー・産業技術総合開発機構
NEXTGEN	Next Generation Air Transportation System	米国の次世代航空管制システム
NTSB	National Transportation Safety Board	国家運輸安全委員会
PFD	Primary Flight Display	プライマリ・フライト・ディスプレイ
RAE	Royal Aircraft Establishment	英航空研究所
RNAV	aRea NAVigation	広域航法
RPAS	Remotely Piloted Aircraft Systems	遠隔操縦航空システム
SAE	Society of Automotive Engineers	自動車技術者協会

略語一覧

ACARS	Aircraft Communication Addressing and Reporting System	航空無線データ通信
ADS	Automatic Dependent Surveillance	自動従属監視
ADS-B	ADS-Broadcast	自機の位置を周辺に放送する通信
AED	Automated External Defibrillator	自動体外式除細動器
ARC	Aviation Rulemaking Committee	航空ルール制定委員会
ASTM	American Society for Testing and Materials	米国材料試験協会
ATS	Automatic Train Stop	自動列車停止装置
AUVSAI	Association For Unmanned Vehicle Systems International	米国の無人機団体
BWB	Blended Wing Body	ブレンデッド・ウイング・ボディ
CAA	Civil Aviation Authority	英国民間航空局
CAS	Control Augmentation System	操縦強化装置
CC-Link	Control and Command Link	制御指令通信
COA	Certificate of Waiver or Authorization	免除・承認証明書
CRM	Crew (or Cockpit) Resource Management	クルー（コックピット）・リソース・マネージメント
D-NET		災害救援航空機情報共有ネットワーク
DID	Densely Inhabited District	人口集中地域
DME	Distance Measuring Equipment	測距装置
EASA	European Aviation Safety Agency	欧州安全航空局
EENA	European Emergency Number Association	欧州救急番号協会
ETOPS	Extended-range Twin-engine Operational Performance Standards	双発機による長距離進出運航
FAA	Federal Aviation Administration	米国連邦航空局
FIT	Failure in Time	故障率単位
FMEA	Failure Mode and Effects Analysis	故障モード影響解析
FMS	Flight Management System	飛行管理システム
FOCA	Federal Office of Civil Aviation	スイス航空局
FTA	Fault Tree Analysis	故障の木解析
FPV	First Person View	第一人称視点
GLONASS	Global Navigation Satellite System	ロシアの衛星測位システム
GPS	Global Positioning System	米国の全地球測位システム

［32］ NTSB「事故調査報告書」NTBS/AAR-73-14
［33］ 航空政策研究会編『現代の航空輸送』勁草書房（1995年）
［34］ 航空・鉄道事故調査委員会「航空事故調査報告書：日本航空株式会社所属JA8904（同社所属JA8546との接近）」. http://www.mlit.go.jp/jtsb/aircraft/rep-acci/2002-5-JA8904.pdf
［35］ ICAO, Safety Management Manual (SMM). http://www.icao.int/safety/fsix/Library/DOC_9859_FULL_EN.pdf
［36］ National First Responders Organization. http://www.nfro.org/index.html
［37］ EENA. http://www.eena.org/
［38］ ピーター・F・ドラッカー『創造する経営者』（上田惇生訳）ダイヤモンド社（2007年）

［14］鈴木真二，土屋武，柄沢研，松永大一（2009）.「学生飛行ロボット大会を開催して」『工学教育』，57(3).
［15］日本航空宇宙学会，全日本学生室内飛行ロボットコンテスト．http://indoor-flight.com/
［16］一般社団法人日本UAS産業振興協議会．https://uas-japan.org/
［17］首相官邸，小型無人機に関する関係府省庁連絡会議．http://www.kantei.go.jp/jp/singi/kogatamujinki/
［18］ICAO RPAS. http://www.icao.int/safety/RPAS/Pages/default.aspx
［19］*Unmanned Aircraft Systems（UAS）Registration Task Force（RTF）Aviation Rulemaking Committee（ARC），Task Force Recommendations Final Report*, November 21, 2015.
［20］EASA, Proposal to create common rules for operating drones in Europe. http://www.easa.europa.eu/system/files/dfu/205933-01-EASA_Summary%20of%20the%20ANPA.pdf
［21］Unmanned Aircraft System Operations in UK Airspace-Guidance CAP 722（6th Ed. March 31, 2015）.
［22］Library of Congress, Regulation of Drones: France. https://www.loc.gov/law/help/regulation-of-drones/france.php?loclr=bloglaw
［23］国土交通省，航空，無人航空機（ドローン・ラジコン機等）の飛行ルール．http://www.mlit.go.jp/koku/koku_tk10_000003.html
［24］Edited by Sir Peter Baldwin and Robert Baldwin.（2004）. *The Motorway Achievement - Volume 1 Visualisation of the British Motorway System: Policy and Administration*, Thomas Telford Ltd.
［25］鈴木真二『飛行機物語―航空技術の歴史』筑摩書房（2012年）
［26］国土交通省航空局「改正航空法の運用状況について」．http://www.kantei.go.jp/jp/singi/kogatamujinki/anzenkakuho_dai5/siryou3.pdf
［27］国土交通省，航空，一般概要．http://www.mlit.go.jp/koku/15_bf_000322.html
［28］国土交通省，航空，航空路における航空保安業務 http://www.mlit.go.jp/koku/15_bf_000333.html
［29］国土交通省，航空，航空路とRNAV経路の概要．http://www.mlit.go.jp/koku/15_bf_000343.html
［30］BBC Casualty - Helicopter Accident Caused By Drone. https://www.youtube.com/watch?v=RKIKP4gLl2c
［31］NASA, UTM. https://utm.arc.nasa.gov/

文献一覧

URL は 2017 年 2 月時点のものであり、今後変更される可能性もある。

［1］【国土地理院】阿蘇周辺の土砂崩れ箇所. https://www.youtube.com/watch?v=C52Niq2jNdI

［2］国土地理院，平成 28 年熊本地震に関する情報. http://www.gsi.go.jp/BOUSAI/H27-kumamoto-earthquake-index.html

［3］国土交通省「平成 28 年度から導入する主な新基準の例」. http://www.mlit.go.jp/common/001127188.pdf

［4］Amazon Prime Air, https://www.youtube.com/watch?v=98Blu9dpwHU

［5］Newcome，L. R.（2004）. *Unmanned Aviation: A Brief History of Unmanned Aerial Vehicles*, AIAA.

［6］The Economic Impact of Unmanned Aircraft Systems Integration in the United States, AUVSI, 2013, March

［7］Forbes，Bow To Your Billionaire Drone Overlord: Frank Wang's Quest To Put DJI Robots Into The Sky. http://www.forbes.com/sites/ryanmac/2015/05/06/dji-drones-frank-wang-china-billionaire/#e9f258210cc6

［8］日本経済新聞「30 年に千億円市場　業務用ドローン，普及のシナリオ」. http://www.nikkei.com/article/DGXMZO88951410W5A700C1000000/

［9］国土交通省「i-Construction ～建設現場の生産性向上の取り組みについて～」. http://www.mlit.go.jp/common/001113551.pdf

［10］鈴木真二「飛行ロボットで湿原の植生観測」. http://www.flight.t.u-tokyo.ac.jp/kiji/hiroshima.pdf

［11］Suzuki，T.，Amano，Y.，Hashizume，T. and Suzuki，S.（2010）. Generation of Large Mosaic Images for Vegetation Monitoring Using a Small Unmanned Aerial Vehicle, *Journal of Robotics and Mechatronics*, 22(2), pp. 212-220.

［12］東京大学大学院工学系研究科「小型飛行ロボットによる海岸の津波被害調査」. https://www.t.u-tokyo.ac.jp/pdf/2011/110616_suzuki.pdf

［13］鈴木真二『落ちない飛行機への挑戦―航空機事故ゼロの未来へ』化学同人（2014 年）

鈴木真二（すずき・しんじ）

1953 年岐阜県生まれ。79 年東京大学大学院工学系研究科修士課程修了。豊田中央研究所を経て、現在、東京大学大学院工学系研究科航空宇宙工学専攻教授、一般社団法人日本 UAS 産業振興協議会（JUIDA）理事長、日本無人機運行管理コンソーシアム（JUTM）代表。工学博士。

専門は飛行力学、飛行制御、航空イノベーション。

著書に、『落ちない飛行機への挑戦』（化学同人、平成 26 年度住田航空奨励賞受賞）、『トコトンやさしいドローンの本』（監修、日刊工業新聞社）、『飛行機物語』（筑摩書房）など多数。

DOJIN 選書　073

ドローンが拓《ひら》く未来《みらい》の空《そら》　飛行《ひこう》のしくみを知《し》り安全《あんぜん》に利用《りよう》する

第 1 版　第 1 刷　2017 年 3 月 10 日

検印廃止

著　　者　鈴木真二
発 行 者　曽根良介
発 行 所　株式会社化学同人
600 - 8074　京都市下京区仏光寺通柳馬場西入ル
編集部　TEL：075-352-3711　FAX：075-352-0371
営業部　TEL：075-352-3373　FAX：075-351-8301
振替　01010-7-5702
http://www.kagakudojin.co.jp　webmaster@kagakudojin.co.jp
装　　幀　BAUMDORF・木村由久
印刷・製本　創栄図書印刷株式会社

ISBN978-4-7598-1673-0